低渗透储层水力压裂裂缝扩展及轨迹调控技术

郑鹏 著

中国石化出版社
·北京·

内 容 简 介

本书主要围绕裂缝扩展基础计算模型，水力裂缝转向及分岔，储层实地应力场变化时的裂缝扩展、水力裂缝和天然裂缝相互作用及缝网演化4个方面，系统介绍了基于边界元法的水力压裂裂缝扩展轨迹数值计算模型。通过Matlab开发数值计算程序，对水力压裂过程中的裂缝扩展机理进行了模拟和分析，在此基础上给出了水力压裂过程中裂缝扩展轨迹的调控方法和思路。

本书可供从事水力压裂技术工作的科研人员和技术人员，以及高等院校石油工程专业师生参考。

图书在版编目(CIP)数据

低渗透储层水力压裂裂缝扩展及轨迹调控技术 / 郑鹏著. — 北京 : 中国石化出版社, 2025. 4. — ISBN 978-7-5114-7946-4

Ⅰ. P618.130.2

中国国家版本馆 CIP 数据核字第 2025TL4905 号

未经本社书面授权，本书任何部分不得被复制、抄袭，或者以任何形式或任何方式传播。版权所有，侵权必究。

中国石化出版社出版发行

地址:北京市东城区安定门外大街 58 号

邮编:100011　电话:(010)57512500

发行部电话:(010)57512575

http://www.sinopec-press.com

E-mail:press@sinopec.com

北京捷迅佳彩印刷有限公司印刷

全国各地新华书店经销

*

710 毫米×1000 毫米 16 开本 9.75 印张 219 千字

2025 年 4 月第 1 版　2025 年 4 月第 1 次印刷

定价:62.00 元

前言

随着我国经济建设发展的需要，原油对外依存度一直居高不下。面对日益复杂的国际形势，保持国内油气的可持续供应既能满足国内人民生活所需要，也是保障国家能源安全和经济快速发展的坚强后盾。我国油气储量丰富，但随着逐步开采，目前油气资源中有80%为低品位类型，超过35%的石油和天然气资源分布在低渗储层。在非常规油气储层中，由于其渗透率较低，难以通过传统增产技术实现经济开采。采取压裂技术是目前提高油气生产效率最直接的方法，压裂改造产生的复杂裂缝网络是非常规油气储层油气渗流的主要流动通道。

在过去的几十年里，人们针对压裂过程中的岩石损伤破坏、裂缝扩展以及裂缝网络形成，进行了大量的理论分析、数值模拟和实验研究，以期压裂后形成较好的裂缝网络通道，提高压裂效果和油气采收率。然而对于复杂裂缝扩展问题，特别是多井多裂缝非同步扩展时的地应力场演化和裂缝扩展轨迹，现有的商业软件适配性较差，分析者需要借助较为深厚的数学和力学基础，针对压裂过程中的实际问题及关注点进行编程研究，才能从根本上理解水力压裂裂缝扩展机理，从而实现压裂施工参数的优化和压裂效果的提升。

本书采用理论分析、数值模拟、实验验证相结合的方法，主要围绕裂缝扩展基础计算模型、水力裂缝转向及分岔、地层实地应力场变化时的裂缝扩展、水力裂缝和天然裂缝相互作用及缝网演化4个方面，系统介绍了基于边界元法的水力压裂裂缝扩展轨迹数值计算模型，通过Matlab开发数值计算程序，对水力压裂过程中的裂缝扩展机理进行了模拟和分析，在此基础上给出了水力压裂过程中裂缝扩展轨迹的调控方法和思路。本书可供从事水力压裂技术工作的科研人员和技术人员，以及高等院校石油工程专业师生参考。

本书分为6章，第1章介绍了水力压裂数值模拟及裂缝扩展轨迹调控研究现状；第2章介绍了基于边界元的裂缝扩展计算模型；第3章介绍了水力裂缝转向及分岔时的计算模型和裂缝扩展机理；第4章介绍了储层实地应力场变化时的裂缝扩展机理及计算模型；第5章介绍了裂缝间相互作用及缝网演化机理和计算模型；第6章介绍了水力压裂裂缝扩展轨迹调控技术。

书中成果为笔者近5年在水力压裂技术领域研究成果的系统总结，本书编写过程中得到了西安石油大学优秀学术著作出版基金、国家自然科学基金联合基金项目——“超深储层水力压裂改造裂缝轨迹延伸机理与控制方法研究”(编号：U23B2089)、国家自然科学基金重点项目——“水力压裂裂缝轨迹可控性理论基础——非均质地层裂缝控制理论基础研究”(编号：51934005)、国家自然科学基金青年基金项目——“致密砂岩储层水力压裂复杂缝网调控机理研究”(编号：52404039)、陕西省自然科学基础研究计划项目——“基于动力学作用的非常规储层压裂裂缝扩展机理研究”(编号：2024JC-YBQN-0378)、冲击与安全工程教育部重点实验室(宁波大学)开放课题——“致密储层冲击压裂应力场时空演化及裂缝扩展机理研究”(编号：CJ202406)联合资助，在此表示感谢。

由于作者水平有限，书中难免有不妥之处，恳请读者批评指正。

目 录

第1章 绪 论

1.1 概述

在过去的几十年里，全球能源消耗增长迅速。研究表明，这一增长主要是由化石燃料引起的。从2010年到2019年，全球天然气和石油消耗量分别增长了23.5%和12.7%。2022年，约90%的世界一次能源消耗来自化石燃料，其中石油继续占据能源结构的最大份额，约31%，天然气份额的比重也在逐年攀升，约为24%(图1.1)。我国既是世界上仅次于美国的石油消费大国，也是最大的石油进口国。近年来，随着我国经济建设发展的需要，原油对外依存度一直居高不下，从2015年的60%逐渐上升到2020年的73.6%。面对目前复杂的国际形势，保持国内油气的可持续供应既能满足国内人民生活所需要，也是保障国家能源安全和经济快速发展的坚强后盾。

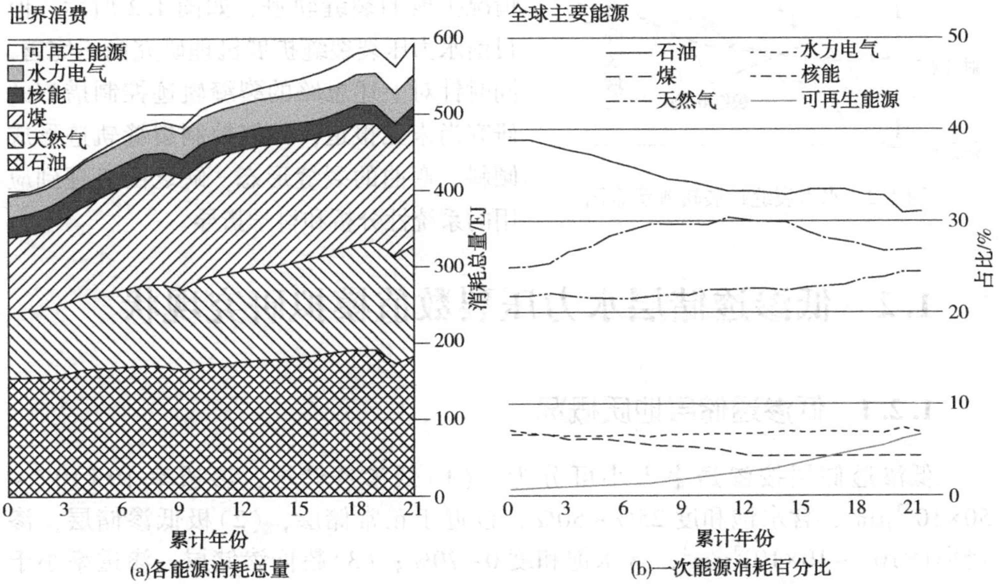

图1.1 世界历年能源消耗(据世界能源组织审查统计，2022)

我国油气储量丰富，但随着逐年开采，目前油气资源中有 80%为低品位类型，超过 35%的石油和天然气资源分布在低渗储层。在非常规油气储层中，由于其渗透率较低，传统增产技术难以实现经济开采，采取水力压裂技术是目前提高油气生产效率最直接的方法。水力压裂技术产生的复杂裂缝网络是非常规油气储层油气渗流的主要流动通道。在过去的几十年里，人们针对水力压裂过程中的岩石损伤破坏、裂缝扩展以及裂缝网络形成，进行了大量的理论分析、数值模拟和试验研究，希望压裂后在地层中形成连通性较好的裂缝网络，提高水力压裂效果和油气采收率。

在以往储层水力压裂施工中，以压出长直水力裂缝为主要目的。由于储层地质构造及油气分布的非均质性，长直扩展的水力裂缝轨迹形态单一，难以适应多变的储层地质环境，如：水力压裂裂缝在扩展抵达含油区以前，容易遭遇层理、断层以及高含水区，导致水力裂缝扩展被阻断或裂缝贯通含水层后油井高含水；储层岩石弹性模量、孔隙度和总有机碳含量、黏土矿物含量之间往往成反比关系，导致裂缝更容易向油气匮乏区扩展，在趋近油气富集区域时发生相应偏转；水力裂缝与近井天然裂缝群过早沟通后失去纵深扩展能力。为了解决传统直线型裂缝轨迹形态带来的上述弊端，笔者认为需要在水力压裂初始或过程中构造倾斜、弯曲等依据储层实际情况扩展的裂缝轨迹，如图 1.2 所示。但目前水力压裂裂缝扩展机理研究尚不完善，同时针对上述思路的裂缝轨迹控制措施的研究尚未见报道，如何控制裂缝轨迹形成倾斜、弯曲的裂缝形态，缺乏由机理到应用的系统性分析和科学指导。

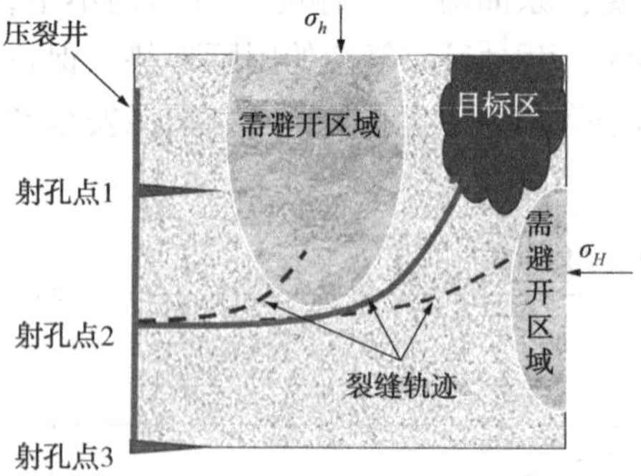

图 1.2 水力裂缝扩展轨迹示意图

1.2 低渗透储层水力压裂数值模拟研究现状

1.2.1 低渗透储层地质概况

低渗透储层按渗透率大小可分为：(1) 低渗透储层，渗透率 $10\times10^{-3}\sim50\times10^{-3}\mu m^2$，含水饱和度 25%～50%，接近于正常储层；(2) 极低渗储层，渗透率$1\times10^{-3}\sim10\times10^{-3}\mu m^2$，含水饱和度 0～70%；(3) 超低渗储层，渗透率小于$1\times10^{-3}\mu m^2$，含水饱和度大于 50%。极低渗和超低渗储层需要水力压裂才能完成油气生产，低渗透储层孔喉半径小是其渗透率低的主要原因。以砂岩为例，低渗储层孔隙喉道类型包括收缩喉道、片状或弯曲片状喉道和管束状喉道。主流喉道半径小于2.5μm，平均喉道半径在0.0588~1.0519μm。储层通常具有强烈的应力敏感特征，影响储层应力敏感的主控因素可分为内因和外因。外因主要是指作业过程中压裂液浸入、压裂时间和重复施压等工程因素；内因主要是指储层自身物性及岩石力学性质等(内在因素)。低渗透储层裂缝发育，主要包括构造活动引起的构造缝和地层异常高压产生的微裂缝，低渗透油田能够开发，很大程度上依赖裂缝系统的存在。

1.2.2 水力压裂裂缝起裂和扩展机理研究现状

针对水力裂缝轨迹的研究，首先需要了解裂缝在不同时刻的扩展情况，这是构成水力裂缝最终轨迹形态的基本要素。以下将从水力裂缝起裂和扩展、水力裂缝和水力裂缝相互作用、水力裂缝和天然裂缝相互作用三方面介绍裂缝扩展的研究现状。

1.2.2.1 水力裂缝起裂和扩展

在单水力裂缝转向研究方面，传统理论认为水力裂缝是沿垂直于最小水平主应力方向起裂并且两端对称扩展的。但在实际情况中，裂缝扩展方向受到地应力大小、射孔方位、水平地应力差等多因素共同影响。当裂缝面不垂直于最小主应力方向时，水力裂缝同时受到注入压裂液产生的拉张应力和地应力产生的剪应力的共同作用，裂缝会沿初始方向扩展一段距离，但其最终传播方向将逐渐转向垂直于最小主应力方向扩展，射孔方向与最大主应力夹角越大，裂缝转向半径越大。随着射孔角和注入排量的增大以及水平地应力差的减小，裂缝扩展时发生转向的时间越来越滞后，裂缝更容易沿初始射孔方向扩展。

为了量化评价裂缝扩展过程中的偏转情况，同时消除应力取值范围的影响，Olson 和 Dahi Taleghani 提出相对净压力(R_n)的概念，相对净压力值越大，裂缝面产生的诱导应力越大。当R_n远大于1时，表明缝内压力远大于水平主应力差，诱导应力主导裂缝形态。当R_n远小于1时，裂缝趋向于沿最大主应力方向直线扩展。在以上研究基础上，Zhou 建立了直裂缝扩展转向时，最大最小水平地应力、注入压力、射孔角、转向角之间的数学计算模型，指出可以通过射孔角和H因子评价裂缝转向情况，但H因子是否适用于扩展轨迹已发生弯曲的水力裂缝，并未做讨论。

除此以外，缝内净压力一定时，低水平应力差会导致应力场方向翻转，进而增大后续裂缝偏转角度。页岩类型、埋藏深度、孔隙压力等也会影响裂缝的扩展行为，数值模拟和试验研究表明水力裂缝总是趋向于孔隙压力高的方向偏转。在总结国内外学者对水力压裂认识的基础上将水力裂缝破裂、延伸及复杂裂缝网络形成的影响因素分为“内在地质因素”和“外在施工因素”两方面，提出水力压裂裂缝起裂、扩展、轨迹主要是由“外在施工因素”作用在“内在地质因素”上面决定的。内在地质因素主要为岩石矿物成分，岩石物理性质(孔隙度、渗透率、润湿性等)，岩石力学性质(杨氏模量、泊松比、断裂韧性等)，地应力场(大小、方向、分布、应力差)，孔隙压力，储层的天然微裂缝(填充物、密度、分布、方向)；外在施工因素主要为压裂工艺技术[高压力(高排量)、多段压裂、多簇压裂、重复压裂、同步压裂、拉链式压裂、变排量(变压力)压裂、变前置液压裂、滑溜水压裂等]，压裂液与支撑剂，压力与排量。

裂缝扩展轨迹不仅受到偏转方向影响，同时也会因裂缝面分岔产生的分支裂缝发生变化。以往对分支裂缝的研究主要集中在含裂隙岩体，学者早期在该方面进行了大量物理试验研究，证明含裂隙岩体单轴受压后，会在裂缝尖端形成翼形拉张裂纹和次生剪切裂纹。翼形裂纹的产生先于次生裂纹，其扩展尺度大约为裂隙初始长度的1~1.5倍，而后停止扩展，次生裂纹往往是导致试件破坏的主要原因。Doe通过两向主应力比对垂直井筒上水力裂缝起裂、转向和分岔情况进行了试验研究，当两向主应力比大于1.5时，水力裂缝平直而且表现出强烈的方向性，当比值接近1时水力裂缝的主方向特征不明显而且裂缝会分岔。

在数值模拟中，受断裂准则限制，每个裂缝尖端只能发生一次破裂，得到一条裂缝轨迹形态，并不能模拟裂缝的分岔。在以往数值模拟研究中，基于裂缝相交判别准则，通常认为分支裂缝是水力裂缝与天然裂缝相交或天然裂缝与天然裂缝相交形成的，如图1.3(a)所示，但该理论并未考虑由裂缝面受力引起的分岔问题；也有学者认为分支裂缝的形成是在裂缝尖端发生的，并基于J积分法建立了Ⅰ型和Ⅱ型裂缝尖端分岔的数学计算模型，如图1.3(b)所示。该方法是通过将完整积分回路分部分求解来预测裂缝分岔时的破裂方向的，这种裂缝尖端分岔的模型适合于求解缝内有爆破或高能量瞬时释放时，由于能量释放速率过快导致的裂缝尖端分岔，在准静态断裂问题研究中，裂缝尖端较难产生分岔。

近年来，为处理连续介质中裂缝面分岔问题，Kamali和Ghassemi在应用最大周向应力判断裂缝尖端断裂的同时，在天然裂缝面尖端附近引入抗拉准则用于翼形裂缝的判别，并提出“hydro-shearing”的概念，认为天然裂缝内有流体进入时，若压力小于最小水平主应力，会在裂缝尖端形成分支裂缝。由于其基本变形方程认为受压裂隙为零缝宽。若假设缝宽为负值时具有物理意义，则在支撑刚度无限大时，该变形方程计算得到的缝宽在数值上是一个从正向无限趋于零的值，这导致基于最大周向应力的天然裂缝转向角只由应力强度因子K_{II}决定。在裂缝尖端附近，由于裂缝面抗拉准则或K_{II}均只能得到翼形裂缝扩展轨迹，该模型并不适用于模拟当天然裂缝内没有流体注入时的裂缝面分岔问题。目前有学者引入

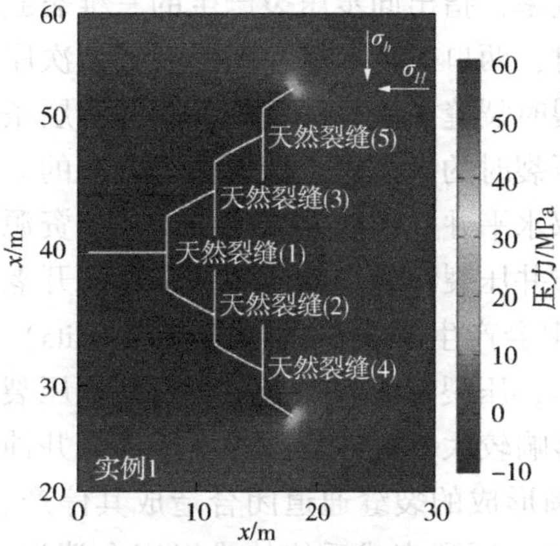

(a)基于裂缝相交(据Wang X L等，2018)

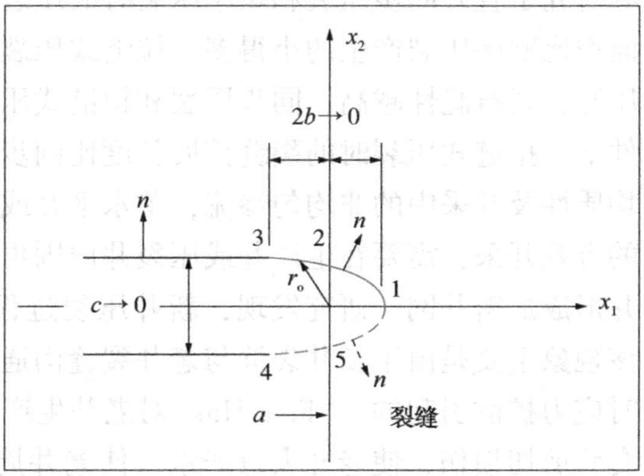

(b)尖端开裂(据Xie Y J等，2013)

图 1.3　分支裂缝形成

了相场计算模型，将裂缝尖端应变能拆分成拉应变能、拉剪应变能和压剪应变能进行处理，分析了节理面翼形裂缝和次生裂缝的生成过程，但并未考虑水力裂缝扩展过程中的分岔情况。

综上所述，目前对水力裂缝转向影响因素的研究已有较多成果，但对于各因素综合影响下水力裂缝连续转时轨迹的研究依然不够全面。以往认为水力裂缝都是两端起裂同时扩展的，但当裂缝两个尖端具有不同起裂扩展条件时，是否会对彼此的起裂扩展产生影响，尚未见该方面报道。同时在水力裂缝面分岔机理方面依然存在研究空白，尚未见有关裂缝面分岔力学机理、分岔点位置分布的研究。数学模型上，均是针对含裂隙岩体的，尚未见连续介质中针对水力裂缝扩展过程中裂缝面分岔的计算模型。

1.2.2.2　水力裂缝与水力裂缝相互作用

水力裂缝相互间也会对各自的破裂和扩展方向产生影响。目前在同步压裂、分段多簇压裂、拉链式压裂、加密井压裂中均存在水力裂缝的缝间干扰作用，对油气井产能影响较大。单井分段多簇压裂时，水平井分段下封隔器，每段内多簇裂缝同时进行注液压裂。由于簇间裂缝的相互干扰作用，外侧裂缝扩展方向会发生改变。同时由于簇间非均匀的进液量，导致簇间裂缝存在竞争，不具起裂优势的裂缝会在诱导应力作用下停止扩展，或与其他水力裂缝发生融合。Olson 指出如果需要产生垂直于井筒的纵裂缝，则压裂中需要足够的缝间距以避免缝间扩展过程中相互干扰，而如果需要产生复杂的裂缝形态，裂缝的排量入口应布置在其他裂缝诱导应力作用的范围内。同步压裂是指两口平行水平井同时进行射孔压裂。Li 等通过模拟表明同步压裂井间裂缝在相互逼近过程中存在相交趋势。Yang

等研究了直井同步压裂和顺序压裂时的压裂效率，指出同步压裂产生的三维裂缝面积比顺序压裂产生的小得多。拉链式压裂时，两口平行水平井上的裂缝被次序压开，岩石脆性越高，同步压裂和拉链式压裂时裂缝扩展长度越长，相同储层条件下，拉链式压裂时的裂缝扩展长度比同步压裂时的大。由于储层油气分布的非均质性及开采中的非均匀渗流，单水平井或双水平井并不能完成区块内油气资源的有效开采，需要在生产井或压裂井周围再布井压裂，最终新压裂井和已压开老井形成加密井网。研究发现，新井压裂过程中会产生压裂冲击现象(Frac Hits)。该现象主要是由于新井裂缝与老井裂缝沟通后，压裂液流入了老井，或新井压裂时应力扩散引起的。“Frac Hits”对老井生产影响较大，具体表现为：造成老井油套管剪切损伤、使老井大量产水、使老井周围形成的裂缝通道闭合造成其停产、使老井井控失稳造成井喷等，且这些影响在新井压裂完成后依然难以完全消失。如图 1.4 所示，新井分段压裂时，微地震事件显示新井和老井裂缝产生相交，观测到老井压力不断上升，表明新井压裂液进入了老井。Wang 等提出在水平主应力比较低的地层，拉链式压裂时缝间应力干扰会显著影响裂缝形态，导致邻井套管产生“Frac Hit”现象或油井出砂。

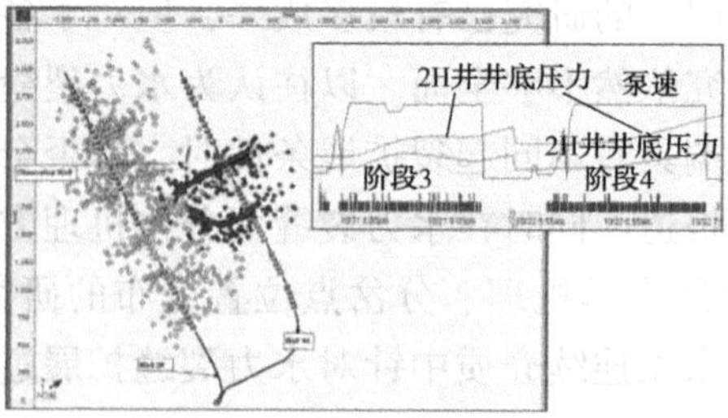

(a)压裂微地震监测

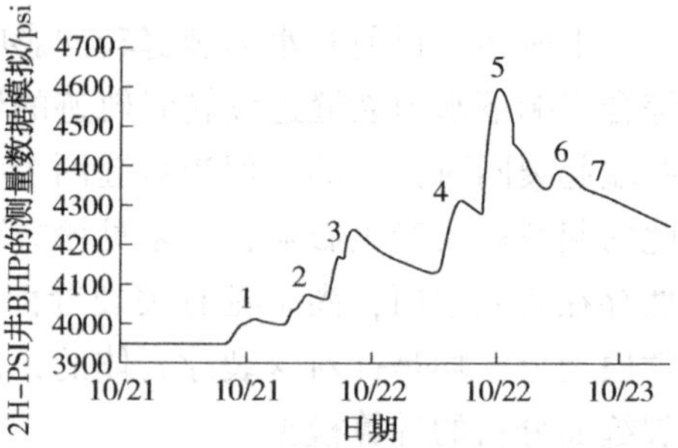

(b)不同压裂阶段邻井压力波动

图 1.4　加密井压裂井间裂缝干扰(据 Mayerhofer M J，2011)

综上所述，目前针对不同压裂方式，模拟研究了井间裂缝相互作用情况。但对裂缝扩展轨迹的影响因素及形态特征的研究尚不完善。水力裂缝次序压开时，已压开裂缝和扩展中的水力裂缝之间的相互作用机理研究尚不完善。多井多裂缝压裂过程中实地应力场是时刻变化的，以往研究中忽略了诱导应力的时空演化特征对裂缝轨迹的干扰作用。

1.2.2.3　水力裂缝与天然裂缝相互作用

目前对水力裂缝与天然裂缝相互作用的研究，主要集中在水力裂缝和天然裂缝相交时的扩展情况。当水力裂缝逼近天然裂缝时，通常认为有三种情况：首先是水力裂缝穿透天然裂缝，天然裂缝未发生起裂延伸；其次是水力裂缝未穿透天然裂缝，压裂液进入天然裂缝后引起天然裂缝起裂扩展；最后是水力裂缝不仅穿透天然裂缝，天然裂缝尖端也发生了起裂扩展。Renshaw 和 Pollard 基于裂缝尖端应力强度因子和天然裂缝面抗拉强度，建立了正交裂缝的穿透判别准则，并与实验结果进行了对比。张然基于弹性力学理论和裂缝相交判断准则，给出了水力裂缝穿透天然裂缝时穿出角度的计算方法。

相交裂缝扩展影响因素方面，陈万等提出主裂缝穿透天然裂缝的现象主要发生在高逼近角、高走向角、高水平应力差异系数、高水平应力差的区域。水平主应力差存在一个临界值，大于该值主裂缝才可能穿透预制裂缝。巩磊等提出裂缝间距指数影响着层状岩石中两条相邻裂缝之间的应力分布，随着裂缝间距指数的不断变小，存在一个临界值(临界裂缝间距指数)，垂直于裂缝的正应力会从拉应力变为压应力，阻止裂缝进一步扩展。王海洋认为当最大水平主应力与层理面夹角不大时，随水平主应力差增大，裂缝会由直接穿过层理面转化为沿层理面扩展，随着射孔角度、层理面倾角和黏聚力的增大，裂缝偏转模式会发生变化，射孔段与层理面夹角越接近 90°，水力裂缝越容易穿透层理面扩展。

裂缝交叉行为不仅仅存在贯穿、融合这几种情况，由于人工裂缝和天然裂缝高度不等，还可能绕过天然裂缝，产生复杂的几何形态。不仅储层水力裂缝会诱使天然裂缝产生破裂延伸，天然裂缝也会反作用于水力裂缝，使其在扩展过程中趋向天然裂缝面。Wu 等通过石墨烯片模拟微尺度裂缝，认为裂缝起裂压力的降低是由微尺度裂缝作用下固体断裂韧性降低引起的，同时提出微尺度裂缝的存在，是引起宏观裂缝转向、分岔及裂缝面形态变化的重要因素。吕有厂对页岩单轴加载时裂缝瞬态情况进行了研究，他认为随着加载速率的变化和内部裂纹的扩展，存在瞬态断裂韧性和稳态断裂韧性，这些制约着裂缝的扩展，然而其研究没有考虑到流体的存在。

综上所述，目前主要研究了水力裂缝和天然裂缝相交时的相互作用情况，以及裂缝扩展影响因素，忽略了水力裂缝穿透天然裂缝后分支裂缝的形成。同时，水力裂缝和天然裂缝间相互作用不仅存在于裂缝相交时，未相交时裂缝在扩展轨迹上也会相互影响，暂未见有关该方面的研究。

1.2.3 裂缝扩展数值模型研究

目前国内外学者依据研究问题和侧重点的不同建立了不同的水力压裂裂缝模型模拟裂缝的扩展，各种方法都有各自的优势和不足。早期比较经典的裂缝解析模型包括 PK 模型、PKN 模型、KGD 模型、Penny-shaped 裂缝模型。其中 PKN 模型和 KGD 模型均假定裂缝高度一定，不同点在于 PKN 模型假设裂缝在垂直于缝长方向的截面均满足平面应变，适用于长而窄的裂缝。而 KGD 模型假设在水平面的变形满足平面应变，认为裂缝宽度在缝高方向上不发生变化，适用于描述短而宽的缝。为了考虑裂缝在缝高方向的生长，学者们提出了拟三维裂缝模型(Pseudo 3D)，以射孔点为分界线，将裂缝上下面分为不同的半椭圆，通过确定不同时刻裂缝尖端位置确定裂缝形态。这些裂缝解析模型由于其简洁性，常被用于商业压裂设计软件中，如 Fracpro-PT、Meyer 和 E-StimPlan 等。近年来，为进一步刻画裂缝面在缝高方向上的变化，创造了平面三维裂缝模型(Planar 3D)并被广泛使用。以上裂缝模型中由于假设水力裂缝为单一直裂缝，较难处理裂缝的相交、转向等问题。随着计算机技术的发展，数值计算模型得到了迅猛发展，因为其良好的计算精度和对求解问题的适用性，所以常被学者用于裂缝扩展计算中。以下是几种较为常见的数值计算方法。

1.2.3.1 有限元法(Finite Element Method，FEM)

有限元法是通过将固体介质进行单元分割，离散为单元组合体，然后对有限个单元作分片插值，用这些单元场函数的集合近似代表整个连续体场函数。有限元法的形函数采用连续函数，处理裂缝不连续问题时将裂缝边设为单元边，裂尖设为单元节点。其在处理多孔介质问题、流体渗流和固体变形方面都具有优势。有限元法中常采用黏聚带模型(CZM)模拟水力裂缝扩展。在传统有限元框架中，单元内某些点的场变量是通过对节点场变量进行连续形函数插值得到的。当单元中存在裂纹时，裂纹位置的位移场是不连续的，裂纹只能沿单元边界传播，裂纹尖端只能落在单元的节点上，这导致裂纹路径对网格具有极高的依赖性。

为了解决网格划分问题，一些学者提出了网格重构的方法。Liao 等通过对裂纹尖端和尖端以外区域分别建立圆形补能区域和势能区域，采用微分求积单元法，结合子区域广义变分原理，实现了裂缝扩展的自动建模，可以跟踪裂纹的整个扩展路径。

为了避免网格重构带来的缺陷，Belytschko 和 Moës 等在单元划分法的基础上，提出了扩展有限元法(XFEM)的概念。通过在已有的有限元网格节点上增加富集自由度，利用节点富集函数对裂隙处的不连续位移场进行表征。虽然 XFEM 被用于裂缝扩展模拟中，但它依然存在一定的局限性，如通过在丰富的节点上增加额外的自由度表示裂纹的不连续，必然导致模型整体刚度矩阵维数的增加，进而影响数值模拟的计算效率，同时利用水平集函数跟踪裂纹位置的算法本身就是一项繁琐的任务。

1.2.3.2 离散元法(Discrete Element Method，DEM)

离散元法起源于分子动力学，由 Cundall 教授首先提出。该方法有别于有限元法的是需要将研究介质假设为连续体并进行网格划分，离散元法是把研究对象分离为刚性元素的集合，使每个元素满足牛顿第二定律，用中心差分的方法求解各元素的运动方程，得到研究对象的整体运动形态。常被用于岩石、土力学和散体颗粒的处理中。离散元模拟中通常认为颗粒不可破坏，岩石破坏是由颗粒间的胶结断开引起的。

1.2.3.3 边界元法(Boundary Element Method，BEM)

边界元法又称边界积分方程—边界元法，是通过基本解将待求问题的微分方程转化为边界积分方程，再通过对边界插值离散，化为代数方程组求解的方法。BEM 包括直接边界元法和间接边界元法。直接边界元法是指边界积分方程中出现的未知元是真实的物理量，物体内部的应力和位移可以通过边界数值积分推算出来。而间接边界元法的积分方程完全用微分方程的单位奇异解表示，奇异解对应的奇点是以特定强度分布在边界上，通过积分方程数值解求出密度函数，再经过积分得到物体内任意一点的值。间接边界元法又分为虚应力法(FSBEM)和不连续位移法(DDM)，Crouch 和 Starfield 通过不连续位移法对裂缝变形问题进行研究，在这之后该方法受到了广泛关注。

上述几种数值方法应用较为广泛。除此以外也有其他的数值模拟方法，如无网格法(Meshless method)，相场法(Phase field)等。不同的数值模拟方法具有不同的算法思路，在解决的问题上也各有优劣。在对水力压裂裂缝扩展轨迹数值模拟中，相对于其他方法，边界元法计算精度高、求解速度快，适用于处理储层多裂缝扩展和干扰问题。

1.3 裂缝扩展轨迹调控方法研究现状

在传统水平井压裂施工中，通常沿储层最小水平主应力方向钻井，沿垂直最小水平主应力方向射孔进行压裂，以压出长直水力裂缝为目的。裂缝形态特征类似于 PKN 模型，对裂缝的调控主要针对裂缝形态上的缝长、缝宽和缝高方面，如增大压裂液黏度制造短宽缝，为了防止裂缝在缝高方向上穿层扩展而发展起来的控缝高技术，以及进行裂缝宽度控制的端部脱砂技术等。传统的裂缝形态控制技术并不涉及裂缝扩展方向的调控。

为了改变这种单一的水力裂缝轨迹形态，出现了一些可使直缝转向的压裂技术，如：缝内暂堵技术、循环(脉冲)水力压裂技术、爆破压裂技术等。这些裂缝转向技术在本质上大都是通过缝内憋压产生新的转向裂缝的，其主要目的是在作用部位形成体积缝网，对新裂缝起裂位置与起裂方向并不可控，扩展出去的分支裂缝一般仍然会沿垂直于地层最小水平主应力方向扩展。为了使水力裂缝转向，近年来又产生了一些水力压裂时裂缝轨迹干扰和调控的新技术。

1.3.1 定向水力压裂技术

该方法通过射孔角度改变裂缝在储层中的初始扩展方向，如图 1.5 所示。Zhu 等推导了井周应力分布的解析解，在此基础上建立了定向射孔水力起裂预测模型，并对井眼周围裂缝起裂压力和起裂角进行了研究。Almaguer 等认为在高压液体注入井眼的冲击作用下，裂缝沿定向射孔方向开始扩展，但由于原地应力的影响，裂缝会在短距离内发生重定向。于连俊研究了定向射孔对斜井裂缝起裂压力、起裂位置及裂缝扩展规律的影响，认为定向射孔有利于形成平整大裂缝。但此处的定向射孔技术并不适用于水平井，且对裂缝的研究主要集中在起裂和扩展上，缺少对裂缝转向后轨迹形态的研究。

除此以外也有通过机械割缝或水力割缝的方式预先切割裂缝，为裂缝扩展制造初始角度。该技术易于实现对煤矿巷道顶板垮落的有效控制。冯仁俊结合脉冲射流冲击破岩优势和缝槽—孔隙压力场诱导裂纹扩展特点，提出脉冲射流割缝控制压裂技术，通过现场试验表明脉冲射流割缝控制压裂能降低煤层压裂时的施工压力，且其影响范围比常规压裂更远。周雷等通过模拟研究指出储层埋深对含径向水力割缝钻孔导向压裂裂缝形貌存在显著影响，随着埋深增加，裂缝形貌逐渐由“横切”型单一主裂缝向“横切纵断”复合型裂缝网络和“纵断”型单一主裂缝演变。割缝压裂的方式通常适合在煤矿巷道水力压裂中使用，割缝易于操作，并不适用于深层水平井压裂。

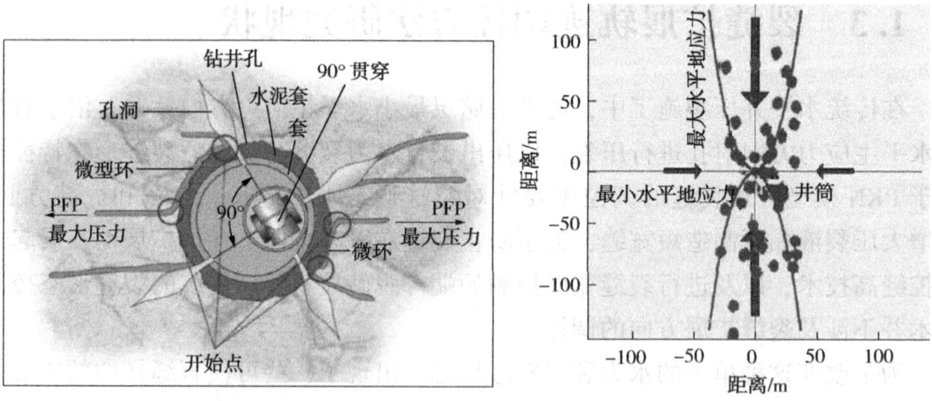

(a)定向射孔原理(据Zhu H等，2015)　　(b)定向射孔形成的裂缝(据张广清等，2008)

图 1.5　定向射孔技术

1.3.2 布置薄弱点和薄弱面

该方法是通过人为制造多个薄弱点或薄弱面实现对裂缝轨迹的引导，原理类似于地面岩石开采时通过打炮眼切割岩石。Xu 等提出可通过在目的层中布置压裂井眼和控制井眼的方式，人为制造软弱结构面，诱导水力裂缝朝控制井眼方向扩展，如图 1.6(a)所示。Yan 等提出可在压裂井眼周围布置一定的狭槽控制水力裂缝的走向，如图 1.6(b)所示。由于需要密集打孔，该方式不适用于深层水平井压裂时的裂缝轨迹调控。

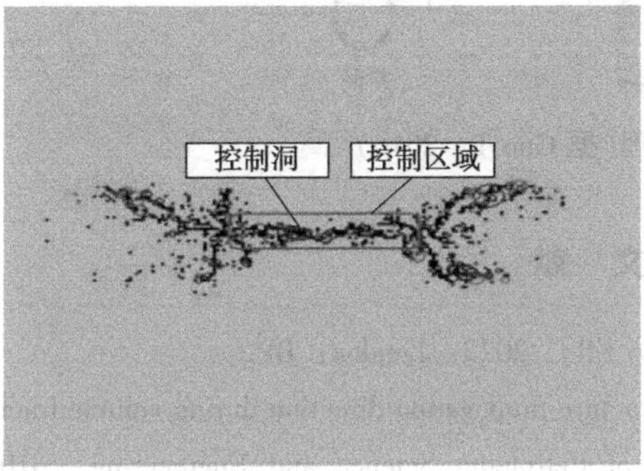

(a)通过控制井眼(据Xu Y，2011)

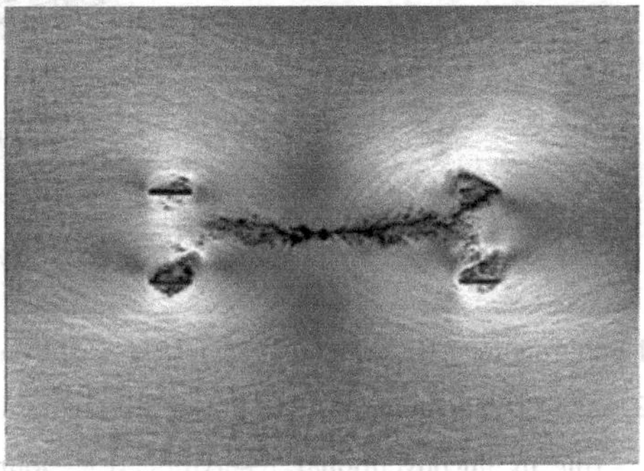
(b)通过狭槽(据Yan F，2015)

图 1.6 水力裂缝轨迹调控

1.3.3 径向井压裂技术

该方法是在井周侧钻一排微型井眼指向目标改造区，微型井眼一方面控制压裂液的流向，另一方面它们之间提供相互干扰以克服远场应力的影响如图 1.7 所示。微型井眼还能综合作用引导裂缝沿着微型井排平面内扩展并最终达到目标改造区。田雨等基于多径向井压裂裂缝起裂压力分析和塑性区理论，推导出多口径向井在地应力条件下引导压裂裂缝定向扩展准则。满足该条件时，多径向井会在储层中产生连续塑性区，裂缝在塑性区内扩展不受地应力影响而保持定向延伸，保证了压裂施工时各径向井间裂缝相互贯通。张耀峰等基于 Finite Element-Meshfree Method 和现场数据建立了不同布井角度的径向井水力压裂模型，研究了不同方位角对径向井压裂裂缝扩展的影响规律，指出径向井对水力裂缝扩展方向虽然具有一定引导作用，但水力裂缝扩展一段距离后依然沿着最大水平主应力方向扩展。径向井压裂技术往往以垂直井为对象，并不适合水平井压裂。

综上所述，裂缝轨迹上，水力压裂施工多是以水力裂缝直线扩展为目的，并未考虑裂缝转向弯曲。调控方法上，现在已形成一些水力压裂技术，可以通过调整裂缝扩展方向改变裂缝轨迹。这些技术主要是针对压裂深度较浅的煤矿，以及油气田的垂直井或斜井，并不适合水平井水力压裂中裂缝轨迹的调控。如何基于裂缝扩展机理进行轨迹调控有待进一步研究。

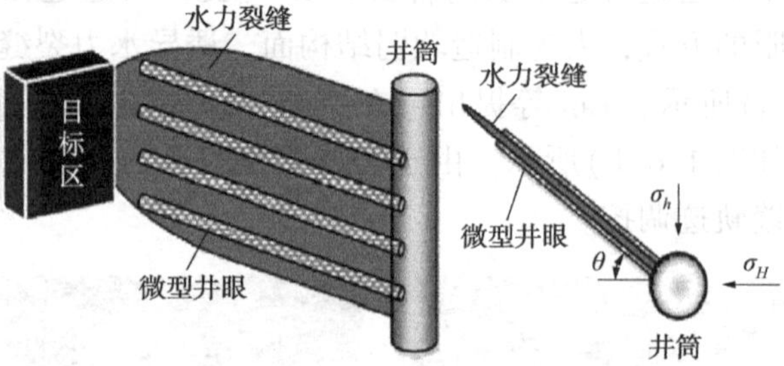

图 1.7　径向井压裂原理(据 Guo T，2016)

参 考 文 献

[1] Petroleum，B. Statistical review of world energy[EB]. 2022：London：BP.

[2] Zhou D S，Zheng P，He P，et al. Hydraulic fracture propagation direction during volume fracturing in unconventional reservoirs[J]. Journal of Petroleum Science and Engineering，2016，141：82-89.

[3] Zhang G Q，Chen M. Dynamic fracture propagation in hydraulic re-fracturing[J]. Journal of Petroleum Science and Engineering，2010，70：266-272.

[4] 唐梅荣，赵振峰，李宪文，等. 多缝压裂新技术研究与试验[J]. 石油钻采工艺，2010，32(2)：71-74.

[5] Olson J E，Taleghani A D. Modeling simultaneous growth of multiple hydraulic fractures and their interaction with natural fractures[C]//SPE hydraulic fracturing technology conference. Woodlands，Texas，USA，2009.

[6] 刘乃震，张兆鹏，邹雨时，等. 致密砂岩水平井多段压裂裂缝扩展规律[J]. 石油勘探与开发，2018，45(6)：1059-1068.

[7] Zhou D S，He P. Major factors affecting simultaneous frac results[C]//SPE Production and Operations Symposium. Oklahoma，USA，2015.

[8] Doe T W，Boyce G. Orientation of hydraulic fractures in salt under hydrostatic and non-hydrostatic stresses[C]//International Journal of Rock Mechanics and Mining Sciences & Geomechanics Abstracts. Pergamon，1989，26(6)：605-611.

[9] Renshaw C E，Pollard D D. An experimentally verified criterion for propagation across unbounded frictional interfaces in brittle，linear elastic materials[J]. International Journal of Rock Mechanics and Mining Sciences & Geomechanics Abstracts. Pergamon，1995，32(3)：237-249.

[10] Wang X L，Shi F，Liu C，et al. Extended finite element simulation of fracture network propagation in formation containing frictional and cemented natural fractures[J]. Journal of Natural Gas Science and Engineering，2018，50：309-324.

[11] Xie Y J，Li J，Hu X Z，et al. Modelling of multiple crack-branching from Mode-I crack-tip

in isotropic solids[J]. Engineering Fracture Mechanics, 2013, 109: 105-116.
[12] Kamali A, Ghassemi A. Analysis of injection-induced shear slip and fracture propagation in geothermal reservoir stimulation[J]. Geothermics, 2018, 76: 93-105.
[13] Mayerhofer M J, Stegent N A, Barth J O, et al. Integrating fracture diagnostics and engineering data in the marcellus shale[C]//SPE annual technical conference and exhibition. Denver, Colorado, USA, 2011.
[14] Wang Z, Yang L, Gao R, et al. Numerical analysis of zipper fracturing using a non-planar 3D fracture model[J]. Frontiers in Earth Science, 2022, 10: 1-11.
[15] 张然，李根生，赵志红，等. 压裂中水力裂缝穿过天然裂缝判断准则[J]. 岩土工程学报，2014，36(3)：585-588.
[16] 程万，金衍，陈勉，等. 三维空间中水力裂缝穿透天然裂缝的判别准则[J]. 石油勘探与开发，2014，41(3)：336-340.
[17] 巩磊，姚嘉琪，高帅，等. 岩石力学层对构造裂缝间距的控制作用[J]. 大地构造与成矿学，2018，42(6)：965-973.
[18] 王海洋，卢义玉，夏彬伟，等. 射孔水压裂缝在层状页岩的扩展机制[J]. 中国石油大学学报(自然科学版)，2018，42(2)：95-101.
[19] Wu S, Ladani R B, Zhang J, et al. Aligning multilayer graphene flakes with an external electric field to improve multifunctional properties of epoxy nanocomposites[J]. Carbon, 2015, 94: 607-618.
[20] 吕有厂. 层理性页岩断裂韧性的加载速率效应试验研究[J]. 岩石力学与工程学报，2018，37(6)：1359-1370.
[21] Zhu H, Deng J, Jin X, et al. Hydraulic fracture initiation and propagation from wellbore with oriented perforation[J]. Rock Mechanics and Rock Engineering, 2015, 48(2): 585-601.
[22] Almaguer J, Manrique J, Wickramasuriya S, et al. Orienting perforations in the right direction[J]. Oilfield Review, 2002, 14: 16-31.
[23] 于连俊，邓金根，曲从锋，等. 斜井的定向射孔压裂技术研究[J]. 石油天然气学报，2005，27(6)：753-756.
[24] 冯仁俊. 脉冲射流割缝控制压裂技术关键参数研究及应用[J]. 煤炭工程，2021. 54(1)：63-69.
[25] 周雷，李立，夏彬伟，等. 含径向水力割缝钻孔导向压裂裂缝形态及影响要素[J]. 煤炭学报，2022. 47(4)：1559-1570.
[26] 张广清，陈勉，赵艳波. 新井定向射孔转向压裂裂缝起裂与延伸机理研究[J]. 石油学报，2008，29(1)：116-119.
[27] Xu Y, Zhai C, Hao L, et al. The pressure relief and permeability increase mechanism of crossing-layers directional hydraulic fracturing and its application[J]. Procedia Engineering, 2011, 26: 1184-1193.
[28] Yan F, Lin B, Zhu C, et al. A novel ECBM extraction technology based on the integration of

hydraulic slotting and hydraulic fracturing[J]. Journal of Natural Gas Science and Engineering, 2015, 22: 571-579.

[29] Guo T, Qu Z, Gong D, et al. Numerical simulation of directional propagation of hydraulic fracture guided by vertical multi-radial boreholes[J]. Journal of Natural Gas Science and Engineering, 2016, 35: 175-188.

[30] 田雨, 曲占庆, 郭天魁, 等. 径向井引导水力压裂裂缝定向扩展技术[J]. 科学技术与工程, 2017, 17(20): 154-159.

[31] 张耀峰, 邵祖亮, 王涛, 等. 基于 FEMM 的径向井压裂裂缝扩展模拟研究[J]. 油气藏评价与开发, 2020, 10(1): 102-107.

[32] Liao M, Deng X, Guo Z. Crack propagation modelling using the weak form quadrature element method with minimal remeshing[J]. Theoretical and Applied Fracture Mechanics, 2018, 93: 293-301.

[33] Belytschko T, Black T. Elastic crack growth in finite elements with minimal remeshing[J]. International Journal for Numerical Methods in Engineering, 1999, 45(5): 601-620.

[34] Moës N, Dolbow J, Belytschko T. A finite element method for crack growth without remeshing[J]. International Journal for Numerical Methods in Engineering, 1999, 46(1): 131-150.

[35] Cundall P A, Strack O D L. A discrete numerical model for granular assemblies[J]. Geotechnique, 1979, 29(1): 47-65.

第2章 水力压裂裂缝扩展基础计算模型

本章将基于位移不连续法建立裂缝扩展平面二维基础数学计算模型，并在平面计算模型基础上通过叠加方式构建三维曲面裂缝计算模型。本章模型和程序为后续各章模拟计算的基础。

2.1 不连续位移法

本文使用不连续位移法建立数学模型，主要是基于该方法的以下几方面优点：(1)通过对边界的离散，将面域问题转化为一维线域问题，可大大降低计算规模；(2)因不受模型规模的限制，适合求解无限域和半无限域问题；(3)所求物理量的空间导数的计算公式可以解析地从基本边界积分方程中导出，方程误差仅存在于边界离散阶段；(4)计算结果方面可以根据需要只计算域内指定点的值，无须对研究域内所有区域进行计算，节约了计算量。

水力压裂裂缝扩展是多物理场共同作用的结果。为简化计算模型，重点研究特定问题，在保证合理性的前提下，基础模型建立过程中引入如下假设：

(1) 储层岩石力学性质为均质各向同性；

(2) 储层岩石为弹性介质；

(3) 岩石材料为线弹性，裂缝扩展遵循线弹性断裂力学相关理论；

(4) 缝内压裂液不可压缩，裂缝内流体为平板流，遵循泊肃叶定律；

(5) 裂缝的开裂过程为准静态、恒温过程；

(6) 基于边界元基础模型，研究域为无限域。

基于边界元法，弹性域内任一点的位移、应力可通过边界上的位移和面力求解得到。边界元法通常将边界积分方程定义为控制方程，分为直接边界元法和间接边界元法。两者不同之处在于间接边界元法的边界积分方程是通过研究对象的微分控制方程的基本解与假想的虚拟量在边界上的分布密度函数的乘积确立的。间接边界元法主要包括虚应力法和位移不连续法。本文基于间接边界元法建立求解模型，边界积分方程可表示为：

$$\begin{cases}\sigma_k(P)=\int_\Gamma G_{ki}(P,\ O_\Gamma)F_i(O_\Gamma)\mathrm{d}\Gamma+\int_C T_{ki}(P,\ O_C)D_i(O_C)\mathrm{d}C \\ u_k(P)=\int_\Gamma H_{ki}(P,\ O_\Gamma)F_i(O_\Gamma)\mathrm{d}\Gamma+\int_C R_{ki}(P,\ O_C)D_i(O_C)\mathrm{d}C\end{cases}\quad i,\ k=s,\ n \tag{2.1}$$

式中，$\sigma_k(P)$和$u_k(P)$分别表示场点P在源点O_Γ作用下在s-n(域内任意直角坐标系)方向上的应力和位移，Pa、m；$F_i(O_\Gamma)$和$D_i(O_C)$分别表示场点P作用在源点O_Γ的虚拟应力和不连续面上的位移量，m；G_{ki}、T_{ki}、H_{ki}、R_{ki}分别表示O_Γ对P的影响系数。

当不存在边界时，上述问题可转化为无限域问题。通过对域内裂缝进行离散，可将积分方程转化为离散裂缝单元积分方程的叠加求解形式：

$$\begin{cases}\sigma_k(P)=\sum_1^n\int_{\Delta C}T_{ki}(P,\ O_C)D_i(O_C)\mathrm{d}C \\ u_k(P)=\sum_1^n\int_{\Delta C}R_{ki}(P,\ O_C)D_i(O_C)\mathrm{d}C\end{cases}\quad i,\ k=s,\ n \tag{2.2}$$

式(2.2)为位移不连续法(DDM)的基本表达式。DDM由Crouch首次提出。相对于虚应力法，DDM可以很好地区分裂缝面的相对位移，被广泛用于弹性力学的不连续问题求解中。其算法基本思路为：通过对边界的离散，将待求解的三维或二维问题分别转化为面域或线域问题，以离散单元的受力情况为初始条件，通过求解线性方程组，获得使不连续裂缝单元受力达到平衡的不连续位移量。基于离散单元的基本解求解其作用于域内任意一点时产生的应力和位移。最后通过叠加离散单元获得问题域内全场应力应变分布。

具体的，在求解二维平面应变条件下岩石变形问题时，假设岩石为均质、各向同性的线弹性体，弹性力学空间问题基本方程可表示为如下形式：

(1) 平衡微分方程

$$\sigma_{ij,i}+b_j=0 \tag{2.3}$$

(2) 几何方程

$$\varepsilon_{ij}=\frac{1}{2}(u_{i,j}+u_{j,i}) \tag{2.4}$$

(3) 物理方程

$$\sigma_{ij}=\lambda\varepsilon_{kk}\delta_{ij}+2G\varepsilon_{ij} \tag{2.5}$$

式中，σ_{ij}为各应力分量，Pa；$\sigma_{ij,i}$为应力分量的偏微分，Pa；ε_{ij}为应变分量，无量纲；$u_{i,j}$和$u_{j,i}$为位移矢量u的散度，无量纲；δ_{ij}为狄拉克函数；G为剪切模量，Pa；b_j为体积力，N/m^2。

将公式(2.4)代入公式(2.5)，其中$\varepsilon_{kk}=u_{k,k}$，得到以位移分量表示的应力分量：

$$\sigma_{ij}=\lambda u_{k,k}\delta_{ij}+G(u_{i,j}+u_{j,i}) \tag{2.6}$$

将公式(2.6)代入公式(2.3)得到以位移表示的平衡方程：

$$(\lambda+G)u_{i,ij}+Gu_{j,ii}+b_j=0 \tag{2.7}$$

其中，取体积力 $b_j=0$，公式(2.7)可表示为如下形式：

$$\Delta\vec{u}+\frac{1}{1-2\nu}\nabla(\nabla\cdot\vec{u})=0 \tag{2.8}$$

式中，$\vec{u}$为位移矢量；∇为 Hamilton 算子(梯度算子)，$\nabla=\partial/\partial x+\partial/\partial y+\partial/\partial z$；$\Delta$ 为 Laplace 算子，$\Delta=\partial^2/\partial x^2+\partial^2/\partial y^2+\partial^2/\partial z^2$。

位移矢量 $\vec{u}$ 可分解为 $\vec{\nu}$ 和 $\vec{w}$ 之和。$\vec{\nu}$ 的散度和 $\vec{w}$ 的旋度均为零：

$$\nabla\cdot\vec{\nu}=0,\ \nabla\times\vec{w}=0 \tag{2.9}$$

此时标量势函数 φ 和矢量势函数 $\vec{S}$ 满足：

$$\vec{\nu}=\nabla\times\vec{S},\ \vec{w}=\nabla\varphi \tag{2.10}$$

式中，$\vec{S}=(S_1, S_2, S_3)$。此时位移矢量 $\vec{u}$ 可表示为：

$$\vec{u}=\nabla\times\vec{S}+\nabla\varphi \tag{2.11}$$

将公式(2.11)的位移矢量代入平衡微分方程(2.8)得：

$$\Delta\left[\frac{2(1-\nu)}{1-2\nu}\nabla\varphi+\nabla\times\vec{S}\right]=0 \tag{2.12}$$

令 $\alpha=2(1-\nu)/(1-2\nu)$，$\vec{B}=\alpha\nabla\varphi+\nabla\vec{S}$，利用旋度和散度的定义，将其代入方程(2.12)得到：

$$\nabla\vec{B}=0,\ \nabla\cdot\vec{B}=\alpha\Delta\varphi \tag{2.13}$$

上述微分方程的通解为 $\varphi=(\vec{r}\cdot\vec{B}+\beta)/2\alpha$，其中 β 为常数。代入上述方程可得到位移表达式：

$$u_i=B_i-\frac{1}{4(1-\nu)}(x_iB_i+\beta)_{,i}\quad (i=1, 2, 3) \tag{2.14}$$

式中，B_i 和 β 为 Papkovitch 函数，平面二维情况下 $i=x$，y。

裂缝面沿 x—y 方向的相对位移不连续量可以表示为：

$$\begin{cases}D_x=u_x(x, 0^-)-u_x(x, 0^+)\\ D_y=u_y(y, 0^-)-u_y(y, 0^+)\end{cases}\quad |x|\leqslant a \tag{2.15}$$

式中，D_x 是 x—y 坐标系中不连续微元的水平相对位移，m；D_y 是 x—y 坐标系中不连续微元的垂向相对位移，m；u_x 和u_y分别为裂缝面在 x 方向和 y 方向的不连续位移量，m。规定裂缝面收缩时的不连续位移为正，裂缝面张开时的不连续位移为负，裂缝面围绕原点逆时针转动引起的两侧面错动为正，反之为负。如图 2.1 所示，图中 a 为不连续微元的半长。

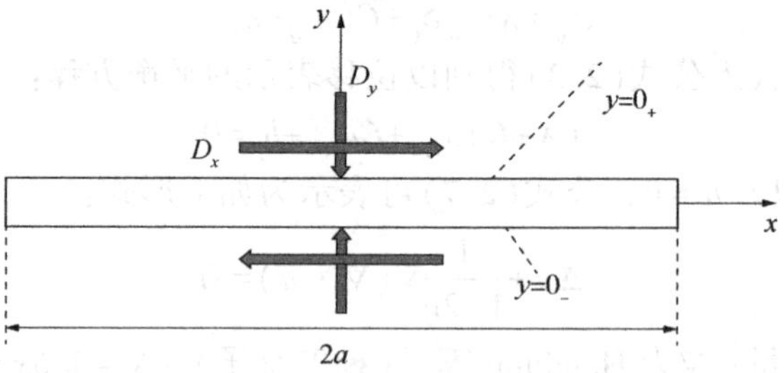

图 2.1　二维位移不连续单元

此时问题转化为求解满足边界条件的应力函数 B_i 和 β。在不考虑体积力时，B_i 和 β 满足 Laplace 方程：

$$\nabla^2 B_x=0;\ \nabla^2 B_y=0;\ \nabla^2\beta=0 \tag{2.16}$$

在平面应变条件下，选取合适的 B_x、B_y 和 β 满足条件 $y=0$，$\sigma_{xy}=0$：

$$\begin{cases}B_x=0\\ B_y=4(1-\nu)\dfrac{\partial\varphi}{\partial y}\\ \beta=4(1-\nu)(1-2\nu)\varphi\end{cases} \tag{2.17}$$

式中，$\nabla^2\varphi=0$。将公式(2.17)代入公式(2.6)和公式(2.14)得域内任意点的位移和应力表达式：

$$\begin{cases}u_x=-(1-2\nu)\dfrac{\partial\varphi}{\partial x}-y\dfrac{\partial^2\varphi}{\partial x\partial y}\\ u_x=2(1-\nu)\dfrac{\partial\varphi}{\partial y}-y\dfrac{\partial^2\varphi}{\partial y^2}\end{cases} \tag{2.18}$$

$$\begin{cases}\sigma_{xx}=2G\left(\dfrac{\partial^2\varphi}{\partial y^2}+y\dfrac{\partial^3\varphi}{\partial y^3}\right)\\ \sigma_{yy}=2G\left(\dfrac{\partial^2\varphi}{\partial y^2}-y\dfrac{\partial^3\varphi}{\partial y^3}\right)\\ \sigma_{xy}=-2Gy\dfrac{\partial^3\varphi}{\partial x\partial y^2}\end{cases} \tag{2.19}$$

上述特解可用于构造无穷和半无穷体的某些边界值问题的解。以无限体裂缝恒定不连续位移为例，问题边界条件为：

$$\begin{cases}\sigma_{xy}(x,\ 0)=0\\ u_y(x,\ 0)=0\\ \lim\limits_{y\to0^+}u_y(x,\ y)-\lim\limits_{y\to0^-}u_y(x,\ y)=\tilde{u}_y\end{cases}\quad |x|\leqslant a \tag{2.20}$$

由公式(2.18)可得满足公式(2.20)的φ：

$$\frac{\partial}{\partial y}\varphi(x, y)=\frac{\tilde{u}_y}{4\pi(1-\nu)}\left[\tan^{-1}\frac{(x+a)}{y}-\tan^{-1}\frac{(x-a)}{y}\right] \tag{2.21}$$

对公式(2.21)积分：

$$\begin{aligned}\varphi(x, y)=&\frac{\tilde{u}_y}{4\pi(1-\nu)}\left[y\left(\arctan\frac{x+a}{y}-\arctan\frac{x-a}{y}\right)-\right.\\&\left.(x-a)\ln\sqrt{(x-a)^2+y^2}+(x+a)\ln\sqrt{(x+a)^2+y^2}\right]\end{aligned} \tag{2.22}$$

当$\tilde{u}_y$为单位常值时，公式(2.22)可以表示为如下形式：

$$\begin{aligned}f(x, y)=&-\frac{1}{4\pi(1-\nu)}\left[y\left(\arctan\frac{y}{x-a}-\arctan\frac{y}{x+a}\right)-\right.\\&\left.(x-a)\ln\sqrt{(x-a)^2+y^2}+(x+a)\ln\sqrt{(x+a)^2+y^2}\right]\end{aligned} \tag{2.23}$$

当储层中存在长度为$2a$的裂缝单元时，该裂缝在储层中任意点产生的应力和位移可表示为：

$$\begin{cases}u_x=D_x[2(1-\nu)f'_y-yf'_{xx}]+D_y[-(1-2\nu)f'_x-yf'_{xy}]\\u_y=D_x[(1-2\nu)f'_x-yf'_{xy}]+D_y[2(1-\nu)f'_y-yf'_{yy}]\end{cases} \tag{2.24}$$

$$\begin{cases}\sigma_{xx}=2GD_x(2f'_{xy}+yf'_{xyy})+2GD_y(f'_{yy}+yf'_{yyy})\\\sigma_{yy}=2GD_x(-yf'_{xyy})+2GD_y(f'_{yy}-yf'_{yyy})\\\sigma_{xy}=2GD_x(f'_{yy}+yf'_{xyy})+2GD_y(-yf'_{yyy})\end{cases} \tag{2.25}$$

式中，$f(x, y)$的偏导可表示为如下形式：

$$\begin{cases}f'_x=\dfrac{1}{4\pi(1-\nu)}\left[\ln\sqrt{(x-a)^2+y^2}-\ln\sqrt{(x+a)^2+y^2}\right]\\f'_y=\dfrac{-1}{4\pi(1-\nu)}\left[\arctan\dfrac{y}{x-a}-\arctan\dfrac{y}{x+a}\right]\\f'_{xy}=\dfrac{1}{4\pi(1-\nu)}\left[\dfrac{y}{(x-a)^2+y^2}-\dfrac{y}{(x+a)^2+y^2}\right]\\f'_{xx}=-f'_{yy}=\dfrac{1}{4\pi(1-\nu)}\left[\dfrac{x-a}{(x-a)^2+y^2}-\dfrac{x+a}{(x+a)^2+y^2}\right]\\f'_{xyy}=-f'_{xxx}=\dfrac{1}{4\pi(1-\nu)}\left\{\dfrac{(x-a)^2-y^2}{[(x-a)^2+y^2]^2}-\dfrac{(x+a)^2-y^2}{[(x+a)^2+y^2]^2}\right\}\\f'_{yyy}=-f'_{xxy}=\dfrac{2y}{4\pi(1-\nu)}\left\{\dfrac{x-a}{[(x-a)^2+y^2]^2}-\dfrac{x+a}{[(x+a)^2+y^2]^2}\right\}\end{cases} \tag{2.26}$$

将域内不连续面离散为 N 段，每段长度为 $2a$。基于公式(2.15)，将积分形式离散后叠加，得到域内任意单元的位移不连续量(D_s、D_n)在单元 i 上产生的应力和位移，可表示为如下形式：

$$\begin{cases}\sigma_s^{i,j}=A_{ss}^{i,j}D_s^j+A_{sn}^{i,j}D_n^j \\ \sigma_n^{i,j}=A_{ns}^{i,j}D_s^j+A_{nn}^{i,j}D_n^j\end{cases}\quad (i,\ j=1,\ 2,\ \cdots,\ N) \tag{2.27}$$

式中，$A_{ss}^{i,j}$、$A_{sn}^{i,j}$、$A_{ns}^{i,j}$、$A_{nn}^{i,j}$为应力边界影响系数；$\sigma_s^{i,j}$为第 j 个离散裂缝单元的相对位移在第 i 个裂缝单元的裂缝面产生的切向应力，Pa；$\sigma_n^{i,j}$为第 j 个裂缝单元的位移在第 i 个裂缝单元的裂缝面产生的法向应力，Pa。以$A_{ss}^{i,j}$为例，表示作用在离散单元 j 上的单位剪切位移不连续量($D_s^j=1$)在单元 i 中点产生的切应力(σ_s^i)。

2.2 变形控制方程

2.2.1 位移不连续影响系数

假设离散裂缝单元总数为 N，对于任意离散裂缝单元，存在不同的倾角。第 i 段和第 j 段的裂缝单元的位置关系如图 2.2 所示。

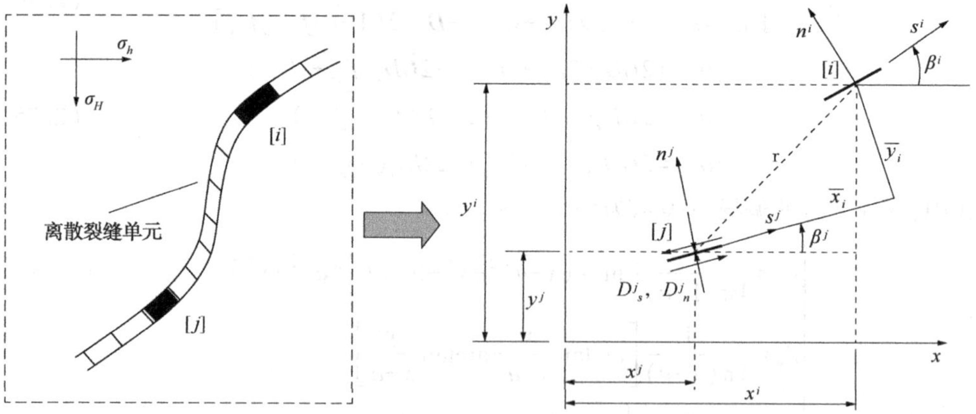

图 2.2　离散状态的裂缝位移不连续单元和坐标系统

图中x^i、y^i、x^j、y^j分别表示离散裂缝单元 i 和 j 的中点在 $x-y$ 坐标系中的坐标值；n^i、s^i、n^j、s^j分别表示离散裂缝单元 i 和 j 各自的局部坐标系；D_s^j、D_n^j分别表示离散裂缝单元 j 的裂缝面在 $s-n$ 坐标系中的相对位移量，m；β^i、β^j分别表示离散裂缝单元 i 和 j 的局部坐标系 $s-n$ 与整体坐标系 $x-y$ 之间的夹角，(°)；$\bar{x}_i$、$\bar{y}_i$为离散裂缝单元 i 的中点在局部坐标系 s^j-n^j下的坐标。

在计算离散裂缝单元 j 对离散裂缝单元 i 作用下的影响系数时需要进行坐标

变换。通常需要将整体坐标系 $x-y$ 中单元 i 的坐标转换到局部坐标系 s^j-n^j 中进行计算，坐标转化方式如下：

$$\begin{cases}\bar{x}_i=(x^i-x^j)\cos\beta^j+(y^i-y^j)\sin\beta^j\\ \bar{y}_i=-(x^i-x^j)\sin\beta^j+(y^i-y^j)\cos\beta^j\\ \gamma=\beta^i-\beta^j\end{cases}\quad (i,\ j=1,\ 2,\ 3,\ \cdots,\ N)\tag{2.28}$$

将公式(2.28)代入公式(2.24)和公式(2.25)可得 $x-y$ 坐标系中不连续裂缝单元在域内任意一点产生的应力和位移为：

$$\begin{cases}u_x=D_{\bar{x}}[-(1-2\nu)\sin\beta f_{,\bar{x}}+2(1-\nu)\cos\beta f_{,\bar{y}}+y(\sin\beta f_{,\overline{xy}}-\cos\beta f_{,\overline{xx}})]\\ \quad +D_{\bar{y}}[-(1-2\nu)\cos\beta f_{,\bar{x}}-2(1-\nu)\sin\beta f_{,\bar{y}}-y(\cos\beta f_{,\overline{xy}}+\sin\beta f_{,\overline{xx}})]\\ u_y=D_{\bar{x}}[(1-2\nu)\cos\beta f_{,\bar{x}}+2(1-\nu)\sin\beta f_{,\bar{y}}-y(\cos\beta f_{,\overline{xy}}-\sin\beta f_{,\overline{xx}})]\\ \quad +D_{\bar{y}}[-(1-2\nu)\sin\beta f_{,\bar{x}}+2(1-\nu)\cos\beta f_{,\bar{y}}-y(\sin\beta f_{,\overline{xy}}-\cos\beta f_{,\overline{xx}})]\end{cases}\tag{2.29}$$

$$\begin{cases}\sigma_{xx}=2GD_{\bar{x}}[2\cos^2\beta f_{,\overline{xy}}+\sin2\beta f_{,\overline{xx}}+\bar{y}(\cos2\beta f_{,\overline{xyy}}-\sin2\beta f_{,\overline{yyy}})]\\ \quad +2GD_{\bar{y}}[-f_{,\overline{xx}}+\bar{y}(\sin2\beta f_{,\overline{xyy}}+\cos2\beta f_{,\overline{yyy}})]\\ \sigma_{yy}=2GD_{\bar{x}}[2\sin^2\beta f_{,\overline{xy}}-\sin2\beta f_{,\overline{xx}}-\bar{y}(\cos2\beta f_{,\overline{xyy}}-\sin2\beta f_{,\overline{yyy}})]\\ \quad +2GD_{\bar{y}}[f_{,\overline{yy}}-\bar{y}(\sin2\beta f_{,\overline{xyy}}+\cos2\beta f_{,\overline{yyy}})]\\ \sigma_{xy}=2GD_{\bar{x}}[\sin2\beta f_{,\overline{xy}}-\cos2\beta f_{,\overline{xx}}+y(\sin2\beta f_{,\overline{xyy}}+\cos2\beta f_{,\overline{yyy}})]\\ \quad +2GD_{\bar{y}}[-\bar{y}(\cos2\beta f_{,\overline{xyy}}-\sin2\beta f_{,\overline{yyy}})]\end{cases}\tag{2.30}$$

联立公式(2.26)和公式(2.28)，公式(2.27)中的应力边界影响系数可表示为如下形式：

$$\begin{cases}A_{ss}^{i,j}=2G[-f_{,\overline{xy}}\sin2\gamma-f_{,\overline{yy}}\cos2\gamma-\bar{y}(f_{,\overline{xyy}}\sin2\gamma-f_{,\overline{yyy}}\cos2\gamma)]\\ A_{sn}^{i,j}=2G[-y(f_{,\overline{xyy}}\cos2\gamma+f_{,\overline{yyy}}\sin2\gamma)]\\ A_{nn}^{i,j}=2G[2f_{,\overline{xy}}\sin^2\gamma+f_{,\overline{yy}}\sin2\gamma-\bar{y}(f_{,\overline{xyy}}\cos2\gamma+f_{,\overline{yyy}}\sin2\gamma)]\\ A_{ns}^{i,j}=2G[-f_{,\overline{yy}}+\bar{y}(f_{,\overline{xyy}}\sin2\gamma-f_{,\overline{yyy}}\cos2\gamma)]\end{cases}\tag{2.31}$$

当 $i=j$ 时，应力边界影响系数也称自我影响系数，表示不连续单元自身对自身的影响，可表示为：

$$A_{sn}^{i,j}=A_{ns}^{i,j}=0;\ A_{ss}^{i,j}=A_{nn}^{i,j}=\frac{G}{\pi(1-\nu)a^i}\tag{2.32}$$

假设初始时刻域内离散裂缝单元受到的切向和法向力分别为 σ_s、σ_n，缝内受到均匀压力为 P，离散裂缝单元变形控制方程可表示为：

$$\begin{cases}\sum_{j=1}^{N}(\check{A}_{ss}^{i,j}D_s^j+\check{A}_{sn}^{i,j}D_n^j)=\sigma_s^i\\ \sum_{j=1}^{N}(\check{A}_{ns}^{i,j}D_s^j+\check{A}_{nn}^{i,j}D_n^j)=\sigma_n^i\end{cases}\quad(i,\ j=1,\ 2,\ \cdots,\ N)\tag{2.33}$$

式中，$\check{A}_{ss}^{i,j}=A_{ss}^{i,j}\cdot G^{ij}$；$G^{ij}$为修正系数，修正由裂缝高度对诱导应力的影响。

$$G^{ij}=1-\frac{d_{ij}^{\beta}}{\left[d_{ij}^2+\left(\frac{h}{\alpha}\right)^2\right]^{\frac{\beta}{2}}}\tag{2.34}$$

式中，α 和 β 为经验常数，分别为 1 和 2.3；d_{ij}为离散裂缝单元 i 和 j 之间的距离，m；h 为裂缝高度，m。

2.2.2 无限域内裂缝面受力

设水力裂缝单元长度为 $2a$，平面裂缝受力模型如图 2.3 所示。图中水力裂缝受到最大最小水平主应力（$x-y$ 坐标系）及缝内流体压力 P_f（$s-n$ 坐标系、$n=0$、$|s|<a$）共同作用。

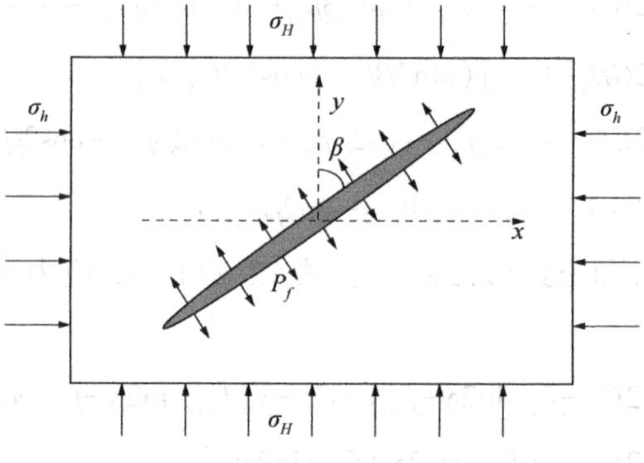

图 2.3 无限域内裂缝面受力模型

考虑裂缝面受到的远场应力，$\boldsymbol{P}_{sn}$ 和 $\boldsymbol{P}_{xy}$ 分别为远场应力张量分量在 $s-n$ 坐标系和 $x-y$ 坐标系中的矩阵表示，通过坐标变换，可得：

$$\boldsymbol{P}_{sn}=\boldsymbol{\alpha}\boldsymbol{P}_{xy}\boldsymbol{\alpha}^{T}\tag{2.35}$$

式中，$\boldsymbol{\alpha}$ 为全局坐标系 $x-y$ 与局部坐标系 $s-n$ 之间的方向余弦；$\boldsymbol{\alpha}^{\mathrm{T}}$为方向余弦的转置。缝内流体压力为 P_f，裂缝面受力可表示为如下形式：

$$\begin{cases}\sigma_s^i=-\dfrac{1}{2}(\sigma_h-\sigma_H)\sin 2\beta_i\\ \sigma_n^i=P_{fi}-\sigma_h\sin^2\beta_i-\sigma_H\cos^2\beta_i\end{cases}\quad(i=1,\ 2,\ \cdots,\ N)\tag{2.36}$$

2.2.3 裂缝变形控制方程

联立公式(2.33)和公式(2.36)可将裂缝变形方程表示为如下矩阵形式：

$$\begin{bmatrix} \overline{\boldsymbol{A}_{ss}}\boldsymbol{G}^{ij} & \overline{\boldsymbol{A}_{sn}}\boldsymbol{G}^{ij} \\ \overline{\boldsymbol{A}_{ns}}\boldsymbol{G}^{ij} & \overline{\boldsymbol{A}_{nn}}\boldsymbol{G}^{ij} \end{bmatrix} \begin{bmatrix} \overline{\boldsymbol{D}_s} \\ \overline{\boldsymbol{D}_n} \end{bmatrix} = \begin{bmatrix} \overline{\boldsymbol{\sigma}_s} \\ \overline{\boldsymbol{\sigma}_n} \end{bmatrix} \tag{2.37}$$

式中，

$$\overline{\boldsymbol{A}_{ss}} = \begin{bmatrix} A_{ss}^{11} & A_{ss}^{12} & \cdots & A_{ss}^{1N} \\ A_{ss}^{21} & A_{ss}^{22} & & A_{ss}^{2N} \\ \vdots & & \ddots & \vdots \\ A_{ss}^{N1} & A_{ss}^{N2} & \cdots & A_{ss}^{NN} \end{bmatrix} \qquad \overline{\boldsymbol{A}_{sn}} = \begin{bmatrix} A_{sn}^{11} & A_{sn}^{12} & \cdots & A_{sn}^{1N} \\ A_{sn}^{21} & A_{sn}^{22} & & A_{sn}^{2N} \\ \vdots & & \ddots & \vdots \\ A_{sn}^{N1} & A_{sn}^{N2} & \cdots & A_{sn}^{NN} \end{bmatrix}$$

$$\overline{\boldsymbol{A}_{ns}} = \begin{bmatrix} A_{ns}^{11} & A_{ns}^{12} & \cdots & A_{ns}^{1N} \\ A_{ns}^{21} & A_{ns}^{22} & & A_{ns}^{2N} \\ \vdots & & \ddots & \vdots \\ A_{ns}^{N1} & A_{ns}^{N2} & \cdots & A_{ns}^{NN} \end{bmatrix} \qquad \overline{\boldsymbol{A}_{nn}} = \begin{bmatrix} A_{nn}^{11} & A_{nn}^{12} & \cdots & A_{nn}^{1N} \\ A_{nn}^{21} & A_{nn}^{22} & & A_{nn}^{2N} \\ \vdots & & \ddots & \vdots \\ A_{nn}^{N1} & A_{nn}^{N2} & \cdots & A_{nn}^{NN} \end{bmatrix}$$

$$\overline{\boldsymbol{D}_s} = \begin{bmatrix} D_s^1 \\ D_s^2 \\ \vdots \\ D_s^N \end{bmatrix} \qquad \overline{\boldsymbol{D}_n} = \begin{bmatrix} D_n^1 \\ D_n^2 \\ \vdots \\ D_n^N \end{bmatrix}$$

$$\overline{\boldsymbol{\sigma}_s} = \begin{bmatrix} -\frac{1}{2}(\sigma_h - \sigma_H)\sin 2\theta_1 \\ -\frac{1}{2}(\sigma_h - \sigma_H)\sin 2\theta_2 \\ \vdots \\ -\frac{1}{2}(\sigma_h - \sigma_H)\sin 2\theta_N \end{bmatrix} \qquad \overline{\boldsymbol{\sigma}_n} = \begin{bmatrix} p_{f1} - \sigma_h \sin^2\theta_1 - \sigma_H \cos^2\theta_1 \\ p_{f2} - \sigma_h \sin^2\theta_2 - \sigma_H \cos^2\theta_2 \\ \vdots \\ p_{fN} - \sigma_h \sin^2\theta_N - \sigma_H \cos^2\theta_N \end{bmatrix}$$

影响系数矩阵$\overline{\boldsymbol{A}_{ss}}$、$\overline{\boldsymbol{A}_{sn}}$、$\overline{\boldsymbol{A}_{ns}}$、$\overline{\boldsymbol{A}_{nn}}$为与岩石力学性质及空间坐标相关量，可作为已知量。通过将公式(2.37)中$\overline{\boldsymbol{D}_s}$消去，缝宽$\overline{\boldsymbol{D}_n}$求解表达式为：

$$\overline{\boldsymbol{A}_{ns}} \cdot \overline{\boldsymbol{A}_{ss}}^{(-1)} \cdot \frac{\overline{\boldsymbol{\sigma}_s}}{\boldsymbol{G}^{ij}} - \overline{\boldsymbol{A}_{ns}} \cdot \overline{\boldsymbol{A}_{ss}}^{(-1)} \cdot \overline{\boldsymbol{A}_{sn}} \cdot \overline{\boldsymbol{D}_n} + \overline{\boldsymbol{A}_{nn}} \cdot \overline{\boldsymbol{D}_n} - \frac{\overline{\boldsymbol{\sigma}_n}}{\boldsymbol{G}^{ij}} = 0 \tag{2.38}$$

2.3 流体流动方程

引入 Navier-Stokes 方程描述流体流动过程中压裂液在裂缝中的压降。此时幂律流体在两个光滑平面间的平板流动可表示为：

$$\frac{\partial P(x,t)}{\partial x}=-2^{\ddot{n}+1}k\left(\frac{1+2n}{\ddot{n}}\right)^{\ddot{n}}\frac{1}{w^{2\ddot{n}+1}}\frac{q}{h_f}\left|\frac{q}{h_f}\right|^{\ddot{n}-1} \tag{2.39}$$

式中，P 为缝内压力，Pa；q 为单位时间流体通过裂缝横截面的流量，m^3/s；h_f 为裂缝高度，m；w 为裂缝横截面最大宽度，m；x 为裂缝长度，m；$\ddot{n}$ 和 k 分别是流体幂律指数和稠度指数；t 为总压裂时间，s。取 $\ddot{n}=1$，将幂律流体简化为牛顿流体：

$$q(x,t)=-\frac{h_f w^3}{12k}\cdot\frac{\partial P}{\partial x} \tag{2.40}$$

拟三维条件下，缝高沿缝长方向是变化的，但缝内流体为一维流动，如图 2.4 所示。流体流动方程可表示为：

$$q(x,t)=-\frac{h_f w^3}{12k}\varphi(l)\frac{\partial P}{\partial x} \tag{2.41}$$

$$\varphi(l)=\int_{-\frac{1}{2}}^{\frac{1}{2}}\left(\frac{w}{w_0}\right)^3\mathrm{d}\left[\frac{y}{h_f(x)}\right]=\frac{1}{2}\int_{-\frac{1}{2}}^{\frac{1}{2}}\left\{1-\left[\frac{2y}{h_f(x)}\right]^2\right\}^{\frac{3}{2}}\mathrm{d}\left[\frac{2y}{h_f(x)}\right]\approx\frac{3\pi}{16} \tag{2.42}$$

式中，w_0 为初始缝宽，m；w 为流体流动过程中的缝宽，m。

将公式(2.42)代入公式(2.41)得：

$$q(x,t)=-\frac{\pi h_f[w(x,t)]^3}{64k}\frac{\partial P(x,t)}{\partial x} \tag{2.43}$$

滤失速度由 Carter 滤失方程可表示为：

$$q_L(x,t)=\frac{2h_f C_L}{\sqrt{t-t_0(x)}} \tag{2.44}$$

式中，C_L为滤失系数，$m/s^{0.5}$；t 为施工时间，s；t_0为裂缝单元开始滤失时间，s。

裂缝单元的平均滤失速度为：

$$q_L(x,t)=\frac{1}{\Delta t}\int_t^{t+\Delta t}\frac{2h_f C_L}{\sqrt{t-t_0(x)}}\mathrm{d}t=4h_f C_L\frac{\sqrt{t+\Delta t-t_0(x_i)}-\sqrt{t-t_0(x_i)}}{\Delta t} \tag{2.45}$$

式中，Δt 为时间步长。

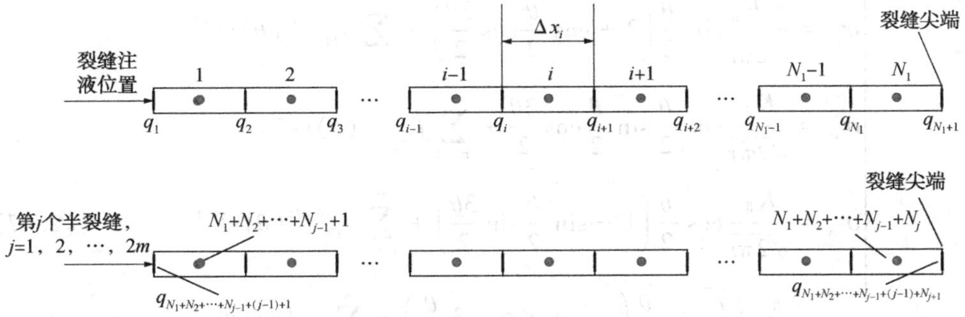

图 2.4 离散裂缝网络模型

2.4 裂缝破裂判别

2.4.1 裂缝尖端应力强度因子

裂缝尖端应力强度因子可通过裂缝尖端的奇异性来求取。该奇异性由裂缝内压力产生，外部应力场只是通过改变缝内压力影响应力强度因子的大小。多裂隙体应力强度因子可通过裂隙面上的不连续位移值 D 得到。

裂缝可分为三种基本类型，即张开型(Ⅰ型)、滑移型(Ⅱ型)和撕开型(Ⅲ型)。本文主要以平面裂缝为研究对象，因此只讨论张开型和滑移型。裂缝尖端应力场可表示为：

(1) 张开型(Ⅰ型)：

$$\begin{cases}\sigma_{xx}=\dfrac{K_{\mathrm{I}}}{\sqrt{2\pi r}}\cos\dfrac{\theta}{2}\left(1-\sin\dfrac{\theta}{2}\sin\dfrac{3\theta}{2}\right)+\sum\limits_{n=2}^{\infty}f_{11}{}^{(nI)}(\theta)\,r^{\frac{n}{2}-1}\\ \sigma_{yy}=\dfrac{K_{\mathrm{I}}}{\sqrt{2\pi r}}\cos\dfrac{\theta}{2}\left(1+\sin\dfrac{\theta}{2}\sin\dfrac{3\theta}{2}\right)+\sum\limits_{n=2}^{\infty}f_{22}{}^{(nI)}(\theta)\,r^{\frac{n}{2}-1}\\ \sigma_{xy}=\dfrac{K_{\mathrm{I}}}{\sqrt{2\pi r}}\cos\dfrac{\theta}{2}\sin\dfrac{\theta}{2}\cos\dfrac{3\theta}{2}+\sum\limits_{n=2}^{\infty}f_{12}{}^{(nI)}(\theta)\,r^{\frac{n}{2}-1}\\ u_1=\dfrac{K_{\mathrm{I}}}{2\mu}\sqrt{\dfrac{r}{2\pi}}\cos\dfrac{\theta}{2}\left(\kappa-1+2\sin^2\dfrac{\theta}{2}\right)+\sum\limits_{n=2}^{\infty}g_1{}^{(nI)}(\theta)\,r^{\frac{n}{2}-1}\\ u_2=\dfrac{K_{\mathrm{I}}}{2\mu}\sqrt{\dfrac{r}{2\pi}}\sin\dfrac{\theta}{2}\left(\kappa+1-2\cos^2\dfrac{\theta}{2}\right)+\sum\limits_{n=2}^{\infty}g_2{}^{(nI)}(\theta)\,r^{\frac{n}{2}-1}\end{cases}\tag{2.46}$$

(2) 滑移型(Ⅱ型)：

$$
\begin{cases}
\sigma_{xx}=\dfrac{-K_{\mathrm{II}}}{\sqrt{2\pi r}}\sin\dfrac{\theta}{2}\left(2+\cos\dfrac{\theta}{2}\cos\dfrac{3\theta}{2}\right)+\sum\limits_{n=2}^{\infty}f_{11}{}^{(nII)}(\theta)r^{\frac{n}{2}-1}\\
\sigma_{yy}=\dfrac{K_{\mathrm{II}}}{\sqrt{2\pi r}}\cos\dfrac{\theta}{2}\sin\dfrac{\theta}{2}\cos\dfrac{3\theta}{2}+\sum\limits_{n=2}^{\infty}f_{22}{}^{(nII)}(\theta)r^{\frac{n}{2}-1}\\
\sigma_{xy}=\dfrac{K_{\mathrm{II}}}{\sqrt{2\pi r}}\cos\dfrac{\theta}{2}\left(1-\sin\dfrac{\theta}{2}\sin\dfrac{3\theta}{2}\right)+\sum\limits_{n=2}^{\infty}f_{12}{}^{(nII)}(\theta)r^{\frac{n}{2}-1}\\
u_1=\dfrac{K_{\mathrm{II}}}{2\mu}\sqrt{\dfrac{r}{2\pi}}\sin\dfrac{\theta}{2}\left(\kappa+1+2\cos^2\dfrac{\theta}{2}\right)+\sum\limits_{n=2}^{\infty}g_1{}^{(nII)}(\theta)r^{\frac{n}{2}-1}\\
u_2=\dfrac{K_{\mathrm{II}}}{2\mu}\sqrt{\dfrac{r}{2\pi}}\cos\dfrac{\theta}{2}\left(-\kappa+1+2\sin^2\dfrac{\theta}{2}\right)+\sum\limits_{n=2}^{\infty}g_2{}^{(nII)}(\theta)r^{\frac{n}{2}-1}
\end{cases}
\tag{2.47}
$$

在公式(2.46)和公式(2.47)中，令 $\theta=0$，$r\to 0$，则裂缝尖端应力强度因子可表示为：

$$
\begin{cases}
K_{\mathrm{I}}=\lim\limits_{r\to 0}\left(\dfrac{2G}{\kappa+1}\sqrt{\dfrac{2\pi}{r}}u_2\right)\\
K_{\mathrm{II}}=\lim\limits_{r\to 0}\left(\dfrac{2G}{\kappa+1}\sqrt{\dfrac{2\pi}{r}}u_1\right)
\end{cases}
\tag{2.48}
$$

设 r 为裂缝尖端与裂缝尖端后方裂缝线上某点的距离，如图 2.5 所示。相应的位移场可表示为 $u_i(r)$，其渐进表达式可表示为：

$$
u_i(r)=a_i\sqrt{r}+b_ir+O(r^{\frac{3}{2}})\qquad i=1,\ 2 \tag{2.49}
$$

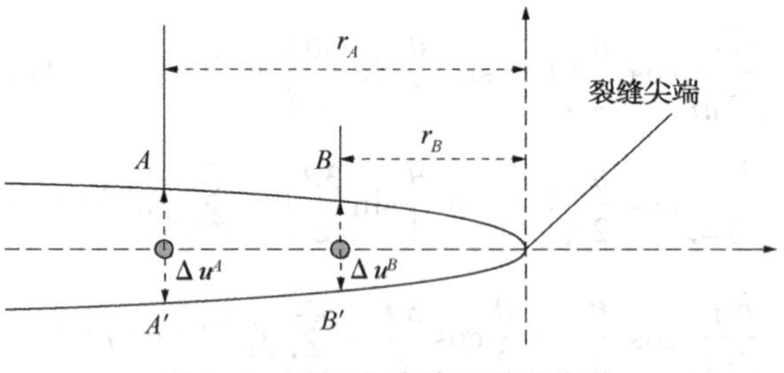

图 2.5 裂缝尖端单元相对位移

以 I 型裂缝为例，由公式(2.49)知，裂缝尖端张开位移可近似表达为：

$$
\Delta u_2(r)=(a\Delta u_2^{(A)}+b\Delta u_2^{(B)})\sqrt{r}+(c\Delta u_2^{(A)}+d\Delta u_2^{(B)})r^{\frac{3}{2}} \tag{2.50}
$$

由 r_A 和 r_B，以及 $\Delta u_2^{(A)}$ 和 $\Delta u_2^{(B)}$ 求得公式(2.50)中 a、b、c、d。公式(2.50)可变形为：

$$\Delta u_2(r)=\left(\frac{r_B}{r_B\sqrt{r_A}-r_A\sqrt{r_A}}\Delta u_2^{(A)}+\frac{r_A}{r_A\sqrt{r_B}-r_B\sqrt{r_B}}\Delta u_2^{(B)}\right)\sqrt{r}+$$
$$\left(\frac{r_B}{r_B\sqrt{r_A}-r_A\sqrt{r_A}}\Delta u_2^{(A)}+\frac{r_A}{r_A\sqrt{r_B}-r_B\sqrt{r_B}}\Delta u_2^{(B)}\right)r^{\frac{3}{2}} \tag{2.51}$$

将公式(2.51)代入公式(2.48)，当裂缝几何形状具有对称性时，公式(2.49)中$b_i=0$，则Ⅰ型、Ⅱ型裂缝尖端应力强度因子可表示为：

$$\begin{cases}K_{\mathrm{I}}(r)=H^{(\mathrm{I})}\left[\dfrac{r_B}{r_B\sqrt{r_A}-r_A\sqrt{r_A}}\Delta u_2^{(A)}+\dfrac{r_A}{r_A\sqrt{r_B}-r_B\sqrt{r_B}}\Delta u_2^{(B)}\right]\\ K_{\mathrm{II}}(r)=H^{(\mathrm{II})}\left[\dfrac{r_B}{r_B\sqrt{r_A}-r_A\sqrt{r_A}}\Delta u_1^{(A)}+\dfrac{r_A}{r_A\sqrt{r_B}-r_B\sqrt{r_B}}\Delta u_1^{(B)}\right]\end{cases} \tag{2.52}$$

式中，

$$H^{(\mathrm{I})}=H^{(\mathrm{II})}=\frac{2G\sqrt{2\pi}}{\kappa+1};\quad \kappa=\begin{cases}3-4\nu(\text{平面应变})\\ \dfrac{3-\nu}{1+\nu}(\text{平面应力})\end{cases} \tag{2.53}$$

2.4.2 裂缝破裂及转向判据

岩石在复杂应力条件下的破坏主要为剪切破坏和拉伸破坏。本文应用最大周向应力准则，将Ⅰ型和Ⅱ型裂缝应力场叠加后得到复合型裂缝。其尖端附近极坐标下的应力分量表达式如下：

$$\begin{cases}\sigma_r=\dfrac{1}{2\sqrt{2\pi r}}\left[K_{\mathrm{I}}(3-\cos\theta)\cos\dfrac{\theta}{2}+K_{\mathrm{II}}(3\cos\theta-1)\sin\dfrac{\theta}{2}\right]\\ \sigma_\theta=\dfrac{1}{2\sqrt{2\pi r}}\cos\dfrac{\theta}{2}\left[K_{\mathrm{I}}(1+\cos\theta)-3K_{\mathrm{II}}\sin\theta\right]\\ \tau_{r\theta}=\dfrac{1}{2\sqrt{2\pi r}}\cos\dfrac{\theta}{2}\left[K_{\mathrm{I}}\sin\theta+K_{\mathrm{II}}(3\cos\theta-1)\right]\end{cases} \tag{2.54}$$

式中，θ表示裂缝破裂方向的偏转角，(°)；σ_r为裂缝尖端附近径向应力，Pa；σ_θ为裂缝尖端附近周向应力，Pa；$\tau_{r\theta}$为裂缝尖端附近切应力，Pa；K_{I}、K_{II}分别为岩石在Ⅰ型和Ⅱ型破裂时的应力强度因子，$\mathrm{Pa\cdot m^{1/2}}$。

裂缝扩展方向采用最大周向拉应力准则。其基本观点是：(1)裂缝的破裂延伸方向将是周向正应力σ_θ的最大值方向；(2)裂缝的破裂延伸是当沿这个方向的最大周向应力达到了临界值时产生的。

根据观点(1)，令$\dfrac{\partial\sigma_\theta}{\partial\theta}=0$及$\dfrac{\partial^2\sigma_\theta}{\partial\theta^2}<0$就可求得裂缝的破裂延伸方向；将$\sigma_\theta$表

达式代入公式(2. 54)中第二式对 θ 求导得:

$$K_{\mathrm{I}}\sin\theta+K_{\mathrm{II}}(3\cos\theta-1)=0 \tag{2.55}$$

写成显式形式:

$$\theta_0(K_{\mathrm{I}},\ K_{\mathrm{II}})=\begin{cases}0 & K_{\mathrm{II}}=0\\ \arcsin\left[\dfrac{K_{\mathrm{II}}(K_{\mathrm{I}}+3\sqrt{K_{\mathrm{I}}{}^2+8K_{\mathrm{II}}{}^2})}{K_{\mathrm{I}}{}^2+9K_{\mathrm{II}}{}^2}\right] & K_{\mathrm{II}}\neq 0\\ 70°32' & K_{\mathrm{II}}/K_{\mathrm{I}}\to\infty\end{cases} \tag{2.56}$$

若该角度满足$\dfrac{\partial^2\sigma_\theta}{\partial\theta^2}<0$条件，则裂缝破裂延伸的开裂角为 θ_0。

根据观点(2)，当沿 θ_0方向的周向应力达到临界值 σ_θ时裂缝开始破裂延伸，由应力强度因子定义，可表达为:

$$\sigma_{\theta_0}\sqrt{2\pi r}=K_{\mathrm{I}C} \tag{2.57}$$

对于Ⅰ型裂缝，$K_{\mathrm{II}}=0$，$K_{\mathrm{I}}\neq 0$，由公式(2. 55)得 $\theta_0=0$ 或 $\theta_0=\pi$。由此可知当 $\theta_0=0$ 时裂缝沿原始方向扩展；$\theta_0=\pi$ 时裂缝是不扩展的。故Ⅰ型裂缝扩展的应力强度因子可表示为:

$$K_{\mathrm{I}}=K_{\mathrm{I}C} \tag{2.58}$$

对于Ⅱ型裂缝，$K_{\mathrm{II}}\neq 0$，$K_{\mathrm{I}}=0$，由公式(2. 55)得 $K_{\mathrm{II}}(3\cos\theta_0-1)=0$，$\theta_0=\pm 70.5°$。断裂判据为:

$$K_{\mathrm{II}}=\frac{\sqrt{3}}{2}K_{\mathrm{I}C}=0.866K_{\mathrm{I}C} \tag{2.59}$$

将公式(2. 54)中的第二个式子代入公式(2. 57)得Ⅰ-Ⅱ复合型裂缝的断裂判据为:

$$K_e>K_{\mathrm{I}C} \tag{2.60}$$

式中，K_e 为复合应力强度因子:

$$K_e=\cos\frac{\theta_0}{2}\left(K_{\mathrm{I}}\cos^2\frac{\theta_0}{2}-\frac{3}{2}K_{\mathrm{II}}\sin\theta_0\right) \tag{2.61}$$

2.4.3 裂缝尖端动态追踪

确定扩展角度 θ 和裂缝尖端扩展长度后，需要更新裂缝形态。此时，裂缝单元分为尖端单元和非尖端单元。若裂缝尖端未破裂，则裂缝尖端单元编号不变；若裂缝尖端发生破裂，则裂缝尖端单元退化为非尖端单元，并根据计算得到的扩展长度和角度计算离散裂缝单元坐标位置，并对单元进行编号。

当存在多裂缝时，需要同时判断裂缝尖端是否相交，如果发生相交，则进行修正。将扩展单元的末端沿扩展路径退回到交点处，并在扩展路径上布置新的边界单元。因为相交导致原裂尖的消失，所以扩展路径的末端不再使用裂尖单元。与该交点相交的裂缝则需要进行重新划分，以保证交叉点不处于任何边界单元内部。裂缝相交时交点处理如图 2. 6 所示。

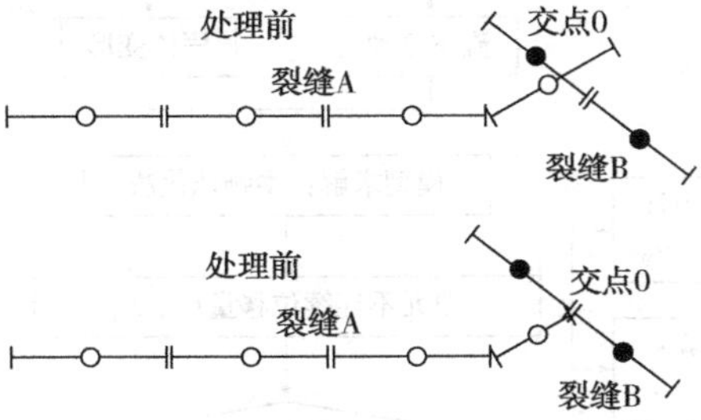

图 2. 6　裂缝相交时交点处理图

2. 5　模拟计算流程

模型计算流程如图 2. 7 所示。

(1) 输入初始模拟参数，包括边界条件(模型尺寸、最大水平主应力、最小水平主应力)，岩石力学性质(杨氏模量、泊松比、断裂韧性)，施工参数(水力裂缝数量、裂缝间距、缝内压力、排量、压裂总时间、射孔角度、射孔深度)，天然裂缝(走向、分布密度、间距、长度)，岩石密度，迭代时间步长，初始离散裂缝单元数等。

(2) 识别裂缝和分割单元，计算各离散单元坐标位置并进行编号。

(3) 建立缝内流体流动模型和固体变形计算模型，通过牛顿迭代法求解裂缝(不连续面)法向和切向相对位移(D_s、D_n)。

(4) 通过公式(2. 29)和公式(2. 30)计算储层中各点的应力(σ_{xx}、σ_{yy}、σ_{xy})和位移(u_x、u_y)。

(5) 通过公式(2. 52)计算裂缝(不连续面)尖端复合应力强度因子，通过公式(2. 56)和公式(2. 60)判断裂缝尖端是否发生断裂。

(6) 若没发生断裂，停止计算；若发生断裂，则计算断裂角度和长度，裂缝长度 $L=L+\Delta L^i$。

(7) 判断已压裂时间是否达到预设压裂时间，若施工时间 $t\geqslant T_0$，则停止计算，输出结果，否则进入下一步。

(8) 迭代步 $T=T+1$，裂缝单元 $N=N+1$，返回第 2 步，重复过程(2)~(6)继续压裂直至退出计算。

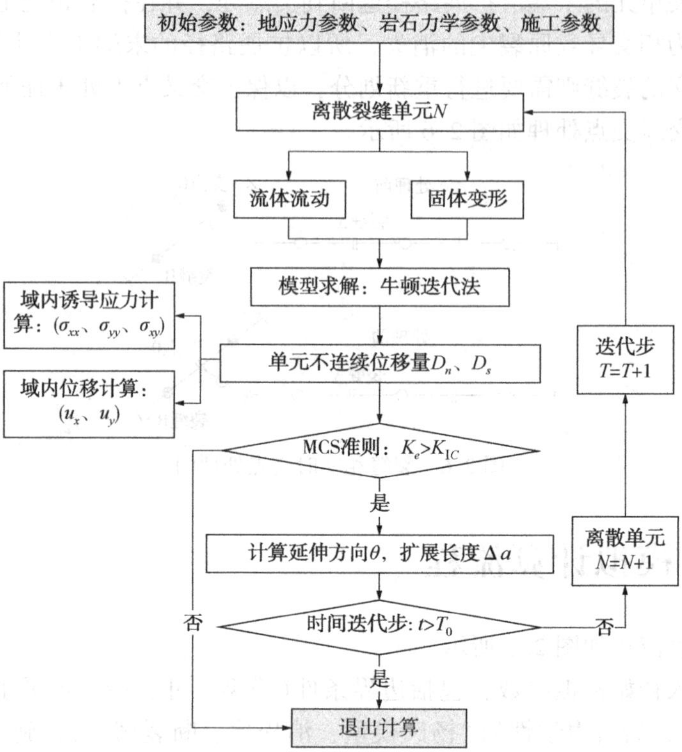

图 2.7　模拟计算流程图

2.6　模型验证

模拟计算模型采用 MATLAB 编程，由于边界元法形成的线性方程组的系数矩阵通常是满秩矩阵，如果边界单元总数为 N，则存储的系数矩阵量级随求解方法的不同，计算量将在 N^2 量级到 N^3 量级，大规模系数矩阵的求解会导致计算精度和效率降低。同时由于在边界离散过程的计算中存在一定误差，因此需要对模型准确性进行验证。本文通过诱导应力、缝宽、裂缝尖端应力强度因子、裂缝偏转四个方面对模型进行对比验证。

2.6.1　诱导应力

由于裂缝扩展过程中对周围岩石产生的诱导应力场对裂缝扩展、裂缝间相互作用影响较大，因此首先对裂缝扩展产生的诱导应力场进行对比模拟验证。在不考虑裂缝内流体滤失和平板流压降损失产生的诱导应力的情况下，水力裂缝对周围岩体应力场影响的解析解可表示为：

$$\begin{cases}\sigma_{xx}=-P_f\dfrac{r}{a}\left(\dfrac{a^2}{r_1r_2}\right)^{\frac{3}{2}}\sin\theta\sin\left[\dfrac{3}{2}(\theta_1+\theta_2)\right]-P_f\left[\dfrac{r}{\sqrt{r_1r_2}}\cos\left(\theta-\dfrac{\theta_1+\theta_2}{2}\right)-1\right]\\ \sigma_{yy}=P_f\dfrac{r}{a}\left(\dfrac{a^2}{r_1r_2}\right)^{\frac{3}{2}}\sin\theta\sin\left[\dfrac{3}{2}(\theta_1+\theta_2)\right]-P_f\left[\dfrac{r}{\sqrt{r_1r_2}}\cos\left(\theta-\dfrac{\theta_1+\theta_2}{2}\right)-1\right]\\ \sigma_{xy}=-P_f\dfrac{r}{a}\left(\dfrac{a^2}{r_1r_2}\right)^{\frac{3}{2}}\sin\theta\cos\left[\dfrac{3}{2}(\theta_1+\theta_2)\right]\end{cases}\tag{2.62}$$

式中，P_f 为缝内压力，Pa；r、r_1、r_2分别为观察点与中点和裂缝两个尖端之间连线的长度，m；θ、θ_1、θ_2分别为连线与 x 轴之间夹角，(°)。

建立单水力裂缝模型，假设域内存在一点 Q，其受力和与裂缝面距离参数具体表示如图 2.8(a)所示，图 2.8(b)中 * 号代表数值解，曲线代表解析解。

模拟计算参数：P_f为 3MPa，a 为 1m，取 Q 点坐标 $x=0.5$m，$y=1\sim10$m。如图 2.8(b)所示，模拟和计算得到的正应力和剪应力随着与裂缝面距离的增大而逐渐减小，数值解和解析解吻合较好。

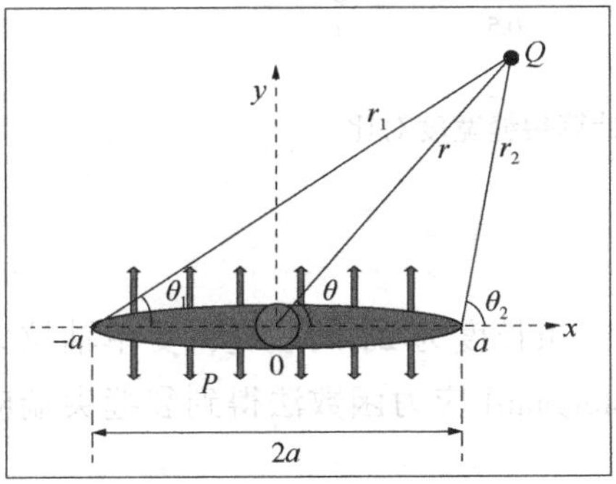

(a)物理模型

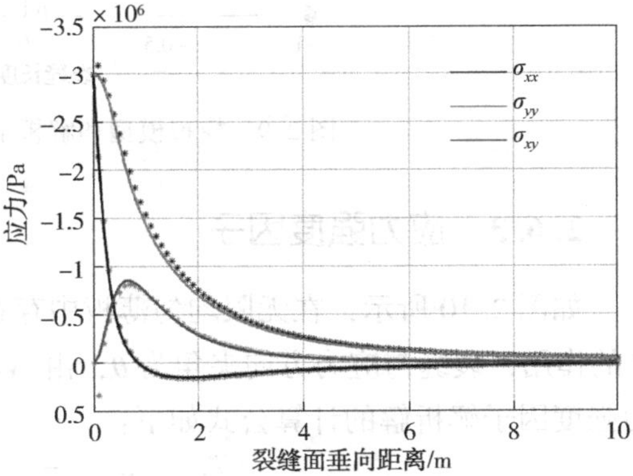

(b)应力对比

图 2.8 解析解受力模型及模拟结果对比

2.6.2 裂缝宽度验证

基于边界元法模拟裂缝扩展中，裂缝缝宽是一个重要的物理量。在给定缝内压力下，无限域内单裂缝缝宽解析解可表示为：

$$w(x)=-\frac{4(1-\nu^2)}{E}P_fa\sqrt{1-\frac{x^2}{a^2}}\tag{2.63}$$

式中，a 为裂缝半长，m；P_f为缝内流体压力，Pa；x 为距离裂缝单元中点的长度，m；E 为杨氏模量，Pa；ν 为泊松比。

裂缝宽度通过解析解进行验证。基本受力模型如图 2.8(a)所示，模拟参数见表 2.1。解析解和本模型模拟计算结果如图 2.9 所示。由图可知，数值模型和解析解吻合较好。

表 2.1　模型计算参数

参数	数值	参数	数值
杨氏模量/GPa	40	最小水平主应力/MPa	0
泊松比	0.22	缝内压力/MPa	1
最大水平主应力/MPa	0	裂缝半长/m	1

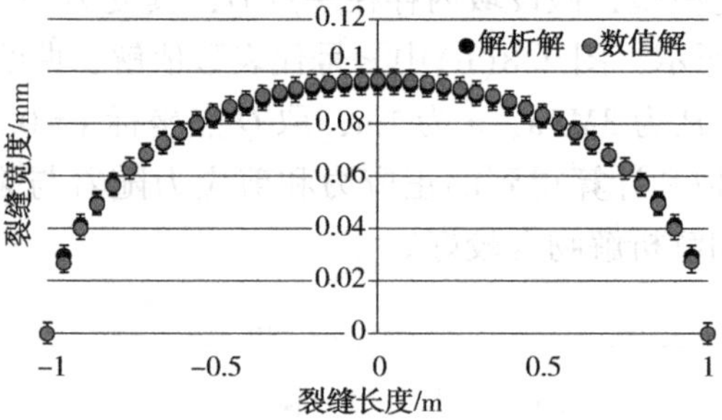

图 2.9　模拟模型和解析解计算裂缝宽度对比

2.6.3　应力强度因子

如图 2.10 所示，在无限均匀薄板中存在一条长度为 $2a$ 的裂缝，受单轴拉力 P 的作用，裂缝与应力方向夹角为 θ，由 Westergaard 应力函数法得到裂缝尖端应力强度因子解析解的计算公式如下：

$$\begin{cases} K_{\mathrm{I}} = P\sqrt{\pi a} \cdot \sin^2\theta \\ K_{\mathrm{II}} = P\sqrt{\pi a} \cdot \sin\theta \cdot \cos\theta \end{cases} \tag{2.64}$$

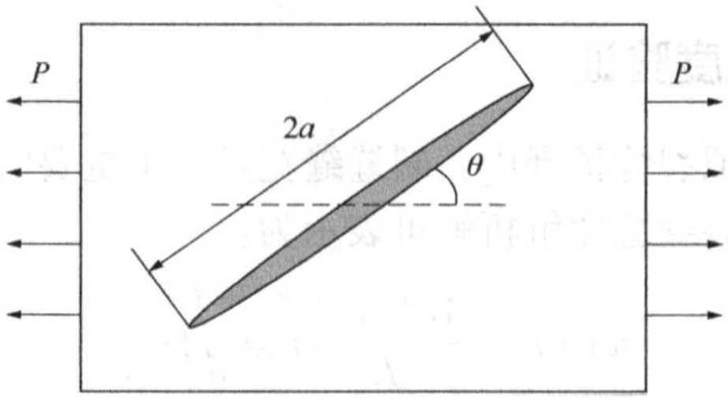

图 2.10　受力模型

该裂缝的无因次Ⅰ型和Ⅱ型应力强度因子可表示为：

$$\begin{cases} \overline{K_{\mathrm{I}}} = K_{\mathrm{I}} / (P\sqrt{\pi a} \cdot \sin^2\theta) \\ \overline{K_{\mathrm{II}}} = K_{\mathrm{II}} / (P\sqrt{\pi a} \cdot \sin\theta \cdot \cos\theta) \end{cases} \tag{2.65}$$

验证中，取 $a=2\mathrm{m}$，裂缝内压力 $P_f=1\mathrm{MPa}$，$\theta=60°$。得到裂缝尖端Ⅰ型和Ⅱ型无因次应力强度因子的解析解分别为 1.3293 和 0.7765。由于数值模拟精度与单元长度有关，将 $2a$ 长度分为 2、4、6、10 个单元，分别进行模拟计算，计算结果如表 2.2 所示。从表 2.2 中列出模拟结果和解析解的相对误差可以看出，当单元长度越小(所取单元数越多)，数值计算结果与解析解的相对误差就越小。在本文数值模拟过程中，通过增加离散裂缝单元数量保证计算精度。

表 2.2　裂缝尖端无因次Ⅰ型和Ⅱ型应力强度因子相对误差

单元数	K_{I}/(MPa·m$^{1/2}$) 模拟结果	(解析解：1.3293) 相对误差/%	K_{II}/(MPa·m$^{1/2}$) 模拟结果	(解析解：0.7765) 相对误差/%
2	1.2622	5.0	0.7288	6.1
4	1.3016	2.1	0.7515	3.2
6	1.3151	1.1	0.7593	2.1
10	1.3261	0.2	0.7657	1.4

2.6.4　裂缝偏转验证

为进一步验证模型计算结果的合理性，对比裂缝偏转距，将数值模型结果与真三轴压裂物理实验进行对比分析。物理实验中试样单轴抗压强度 48.3MPa，其他涉及的参数如表 2.3 所示，应力加载方向如图 2.11(a)所示，σ_H、σ_h、σ_v分别为最大水平主应力、最小水平主应力和垂向主应力。采用表 2.3 相同参数等尺寸模拟计算了水平主应力差分别为 6MPa 和 3MPa 时裂缝的偏转情况。

表 2.3　真三轴压裂物理实验基本参数

类别	参数	数值	参数	数值
基础参数	杨氏模量/GPa	10.2	模型大小/mm×mm	300×300
	泊松比	0.13	预制裂缝长度/mm	60
	垂向主应力/MPa	10	最小水平主应力/MPa	6
	钻孔深度/mm	200	切槽(长×宽×深)/mm×mm×mm	60×1×8
案例一	最大水平主应力/MPa	9	切槽角度/(°)	45
	排量/mL·s^{-1}	1	主应力差/MPa	3
案例二	最大水平主应力/MPa	12	切槽角度/(°)	60
	排量/mL·s^{-1}	1	主应力差/MPa	6

数值模拟结果和物理实验结果对比如图 2.11 和图 2.12 所示。首先，从趋势来看，水平主应力差越小，裂缝越趋向于沿原来路径扩展，数值模拟结果和物理实验结果一致。其次，在水力裂缝扩展路径上，数值模拟结果也和物理实验结果吻合。最后从偏转距来看，在应力差为 6MPa 时，数值模拟和物理实验中裂缝面偏转距(岩石破坏时裂缝面与 x 轴的距离)均在 32mm 左右。在应力差为 3MPa 时，物理实验偏转距约为 101mm，数值模拟裂缝面偏转距约为 98mm，数值模拟和物理实验结果接近。

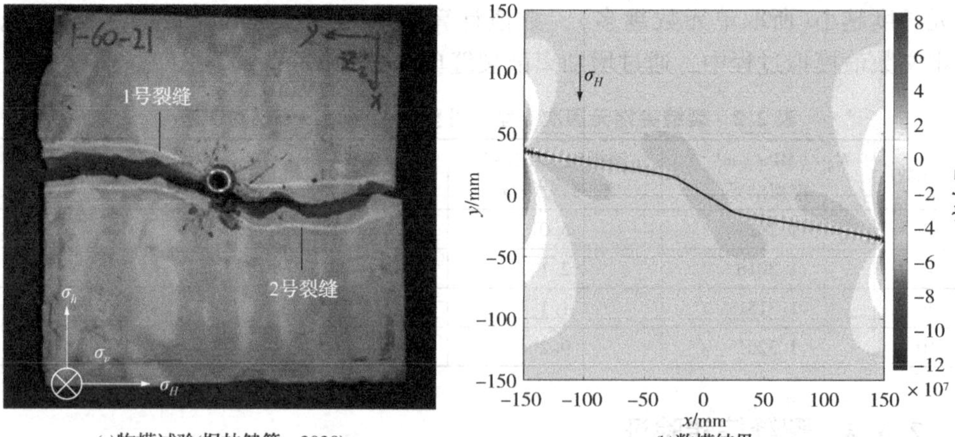

(a)物模试验(据林健等，2020)　(b)数模结果

图 2.11　应力差为 6MPa 时的水力裂缝偏转情况

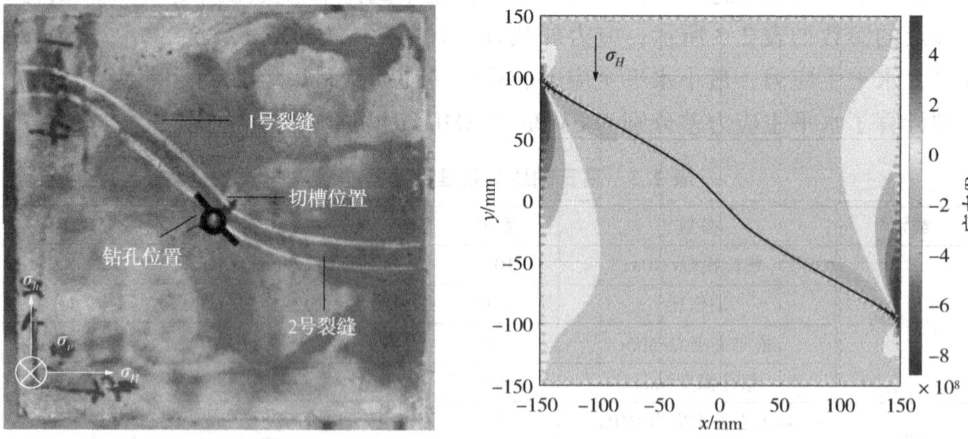

(a)物模试验(据林健等，2020)　(b)数模结果

图 2.12　应力差为 3MPa 时的水力裂缝偏转情况

2.7 三维曲面裂缝形态模型构建

前文建立了平面状态下的水力裂缝诱导应力分布及裂缝起裂扩展数学模型，其中水力裂缝为二维平面裂缝，油气储层中任意点受三维地应力作用，即垂向地应力、最大水平主应力和最小水平主应力作用。沿水平主应力面起裂扩展的二维平面裂缝已在水力压裂中应用了近 70 年并以基本能反映水力压裂实际而被广泛接受，但在一些特殊实地应力环境，如近井地带，裂缝面在垂向上可能发生弯曲，这就构成了空间的三维曲面。本节通过正交叠加平面应变计算模型的方式构造三向应力下的曲面裂缝形态。该方法基于二维应变计算模型得来，可迅速展示不同地应力状态下的裂缝曲面形态。具体思路是首先通过将平面应变模型正交锁定正交平面上的裂缝位置，保证计算结果在正交平面的准确性。然后通过层层叠加的方式构造曲面裂缝形态，如图 2.13 所示。

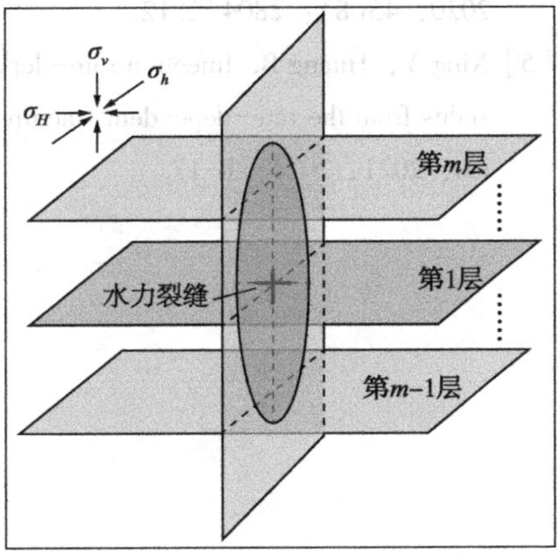

图 2.13 水力裂缝正交模型示意图

Xing 和 Huang 认为当水力压裂射孔方向未沿最大水平主应力时，会导致水力裂缝的非平面扩展，通过试验中预制初始裂缝，使其与岩石表面存在一定夹角，水力压裂后裂缝形态如图 2.14(a)所示。为了对比验证数值模拟结果的有效性，在本文边界元数值模型中预置带有同样倾角裂缝进行数值模拟计算，结果如图 2.14(b)所示，裂缝面沿对角线呈现 S 形曲面。可见本文使用的平面叠加的方法可以展现三维曲面裂缝特征。

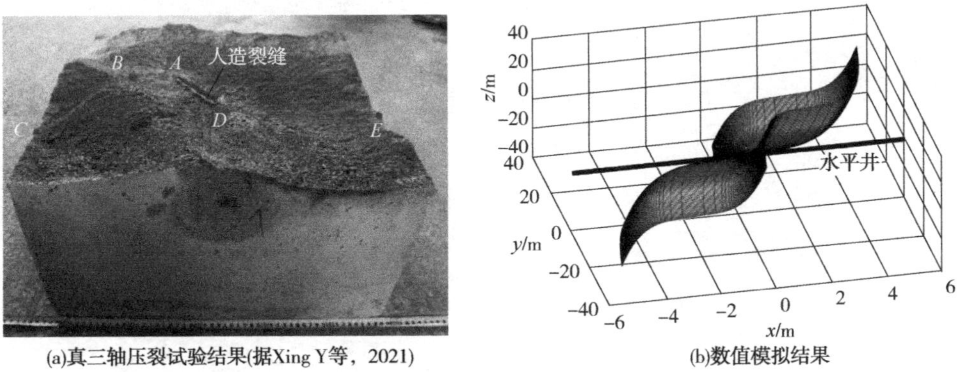

(a)真三轴压裂试验结果(据Xing Y等，2021)　(b)数值模拟结果

图 2.14 曲面裂缝形态验证

参 考 文 献

[1] Crouch S L, Starfield A M. Boundary element methods in solid mechanics[M]. London: Goerge Allen and Unwin Publishers, 1983.

[2] 中国航空研究院. 应力强度因子手册[M]. 北京：科学出版社，1983.

[3] 姚振汉，王海涛. 边界元法[M]. 北京：高等教育出版社，2010.

[4] 林健，徐成，杨建威. 泵流量对纵向切槽水力压裂裂缝偏转距的影响[J]. 煤炭学报，2020，45(8)：2804-2812.

[5] Xing Y, Huang B. Injection rate-dependent deflecting propagation rule of hydraulic fracture: insights from the rate-dependent fracture process zone of mixed-mode(I-II) fracturing[J]. Geofluids, 2021, 2021: 1-17.

第3章 水力裂缝转向及分岔模拟研究

随着压裂工艺技术的提升，为了优化水力压裂效果，提高储层改造体积，以往的沿垂直于最小水平主应力方向扩展的简单直线型水力裂缝已不足以满足生产需要，现场压裂过程中往往针对不同的地质情况，需要形成不同的裂缝扩展轨迹。而裂缝转向时的轨迹受多种因素影响，如最大最小水平主应力、排量(压力)、射孔角度、压裂液黏度、储层岩石力学性质等。同时，水力裂缝在转向过程中可能会产生分支裂缝，分支裂缝的形成不仅会影响水力裂缝的扩展纵深，使水力裂缝产生不同的扩展方向，还会造成裂缝之间更复杂的沟通，导致水力压裂产生出不同的缝网形态。研究水力裂缝的转向和分岔机理，对于进一步掌控水力裂缝轨迹具有重要意义。

迄今为止，对裂缝转向影响因素的研究并不够系统和全面。基于连续介质的断裂力学理论认为裂缝每侧只有一个尖端，它是如何形成分岔并产生分支裂缝的，对该问题的研究不论是理论分析还是数值模拟都还不够清晰。针对以上两方面问题，本章研究不同因素影响时的水力裂缝转向情况，并对转向过程中的裂缝面分岔问题进行分析。依据裂缝面摩尔库仑定律和位移梯度法建立裂缝转向和分岔数学模型，研究不同因素对水力裂缝和天然裂缝分岔的影响。相比以往裂缝扩展模型，本章模型解决了以往在连续介质模型水力裂缝扩展模拟过程中，难以处理转向水力裂缝分岔的问题。

本文主要以苏里格气田苏东南区块二叠系中统下石盒子组盒8段为例进行数值模拟研究。区域构造属于鄂尔多斯盆地伊陕斜坡北部中带，区块地质储量2736.09×$10^8$$m^3$，其中盒8段储量为2284.19×$10^8$$m^3$，含气面积2901.4$km^2$。该层段为河流—三角洲相砂岩，砂岩为浅灰色含砾粗砂岩、灰白色中—粗粒砂岩及灰绿色岩屑石英石砂岩，主要孔隙类型为次生孔隙和晶间孔。区块岩石有效孔隙度为4.0%～14.0%，渗透率为(0.100～1.000)×$10^{-3}$$\mu m^2$，含气饱和度在40%～80%，为低孔低渗的致密砂岩储层。基于岩石力学实验，岩石杨氏模量在21～44GPa，泊松比在0.17～0.31，水平地应力在40～50MPa。本章数值模拟基本参数如表3.1所示。

表 3.1　裂缝转向模拟基本参数

参数	数值	参数	数值
杨氏模量/GPa	30	最小水平主应力/MPa	38
泊松比	0.25	缝内压力/MPa	43
最大水平主应力/MPa	40	断裂韧性/MPa·$m^{1/2}$	2.5

3.1　水力裂缝转向影响因素

通常水力压裂中，平面水力裂缝是沿着最大水平主应力方向扩展的。压裂液的注入导致水力裂缝由内向外张开，在裂缝两侧面会形成压应力区。然而直井的射孔孔眼与储层最大水平主应力方向常常存在一个不为零的夹角，导致近井地段水力裂缝不能严格沿最大水平主应力方向扩展。本文在模拟模型建立过程中，使射孔方向与最大水平主应力方向存在一定夹角，研究当射孔方向和最大水平主应力方向不平行时裂缝偏转轨迹的主要特征及裂缝变形对储层有效应力分布的影响。

模拟参数如表 3.1 所示，模拟区域大小 30m×30m。模拟结果如图 3.1 所示，图中 σ_H表示最大水平主应力方向，图中颜色栏表示应力分量 σ_{xx}，单位为 Pa。当射孔方向和最大水平主应力方向不一致时，在地应力作用下，水力裂缝倾向于向最大水平应力方向偏转，同时裂纹尖端有明显的拉应力区。

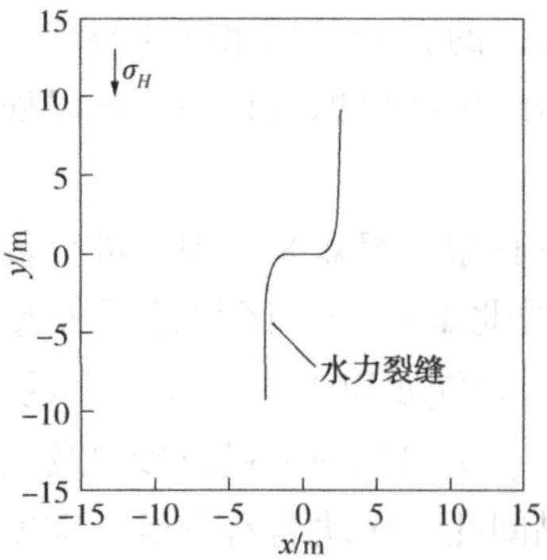

(a)裂缝轨迹

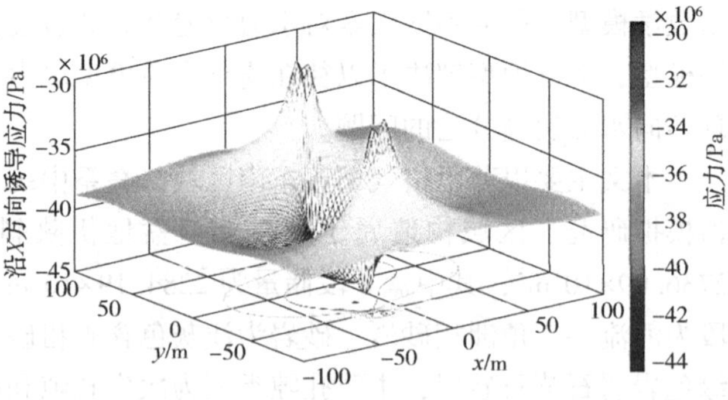

(b)诱导应力分布

图 3.1　水力裂缝形态和诱导应力场

3.1.1　基于影响系数的裂缝偏转

施工参数和岩石力学参数是影响裂缝起裂扩展的重要因素。水力压裂中，水力裂缝总是沿最大水平主应力方向扩展。由于射孔角度及钻井方位的差异，水力裂缝初始延伸方向不一定沿着最大水平主应力方向。因此有必要探讨在不同水平主应力(σ_h、σ_H)，射孔角度(β)，缝内压力(P_f)，压裂液黏度(μ)作用下的水力裂缝的转向机理，从而确定不同因素对裂缝偏转的影响程度。为了量化各因素对裂缝偏转的影响，消除由应力取值范围带来的影响，学者提出相对净压力(R_n)，使各参数之间具有可比性，对水平主应力和裂缝内压力的研究用应力差的形式表示：

$$R_n = \frac{P_f - \sigma_h}{\sigma_H - \sigma_h} \tag{3.1}$$

式中，σ_h 为最小水平主应力，Pa；σ_H 为最大水平主应力，Pa；P_f 为缝内压力，Pa。

该公式中分子是缝内净压力，分母是水平应力差。

众所周知诱导应力是主导裂缝形态的重要因素，前者强烈依赖于裂缝内的净压力。净压力越大，裂缝面产生的诱导应力越大。当 R_n 大于1时，表明缝内压力大于水平主应力差，诱导应力主导裂缝形态。当 R_n 小于1时，即缝内净压力小于水平主应力差时，裂缝将趋向于沿最大主应力方向直线扩展。然而，作者引入该参数仅用来表明裂缝是否存在非平面扩展路径，并未进行其他研究。本文中为了突出各参变量之间的数学关系，对相对净压力进行了改进，将其称为影响系数。基于该系数，作者已进行过相关数值模拟研究，但并未完全展示其数学来源以及与裂缝偏转情况的匹配程度。在此进行研究，影响系数定义如下：

$$H = \frac{P_f - \sigma_H}{\sigma_H - \sigma_h} \tag{3.2}$$

对于平面问题，应力分量和应变分量满足 Hooke 定律，应力作用下的线应变和剪应变可表示为如下形式：

$$\begin{cases} \varepsilon_r = \dfrac{1}{E}(\sigma_r - \mu\sigma_\theta) \\ \varepsilon_\theta = \dfrac{1}{E}(\sigma_\theta - \mu\sigma_r) \\ \gamma_{r\theta} = \dfrac{2(1+\mu)}{E}\tau_{r\theta} \end{cases} \tag{3.3}$$

将公式(2.54)代入公式(3.3)可表示为：

$$\varepsilon_\theta = \frac{1}{2E\sqrt{2\pi r}}\left[K_{\mathrm{I}}\cos\frac{\theta}{2}(1-3\mu+\cos\theta+\mu\sin\theta) - K_{\mathrm{II}}\left(3\cos\frac{\theta}{2}\sin\theta+3\mu\sin\frac{\theta}{2}\cos\theta-\mu\sin\frac{\theta}{2}\right)\right] \tag{3.4}$$

由 $\partial\varepsilon_\theta/\partial\theta=0$ 得：

$$K_{\mathrm{I}}\cos\frac{\theta}{2}\left[2\mu-3(\mu+1)\cos^2\frac{\theta}{2}\right]+K_{\mathrm{II}}\cos\frac{\theta}{2}\left[9(\mu+1)\sin^2\frac{\theta}{2}-3-\mu\right]=0 \quad (3.5)$$

为了排除岩石力学性质的影响，在上式中取 $\mu=0$，可将其变化为最大周向拉应力($\sigma_{\theta\max}$-criterion)的相关准则，具体见公式(2.55)。由式(2.36)得裂缝尖端应力强度因子表达式为：

$$\begin{cases}K_{\mathrm{I}}=(P_f-\sigma_h\sin^2\beta-\sigma_H\cos^2\beta)\sqrt{\pi a}\\ K_{\mathrm{II}}=-\dfrac{1}{2}(\sigma_h-\sigma_H)\sin2\beta\sqrt{\pi a}\end{cases} \quad (3.6)$$

将公式(3.6)代入公式(2.55)得：

$$(P_f-\sigma_h\sin^2\beta-\sigma_H\cos^2\beta)\sin\theta-\frac{1}{2}(\sigma_h-\sigma_H)\sin2\beta(3\cos\theta-1)=0 \quad (3.7)$$

将公式(3.2)代入公式(3.7)得：

$$(H+\cos^2\beta)\sin\theta=\frac{1}{2}\sin2\beta(3\cos\theta-1) \quad (3.8)$$

由式(3.8)可知，影响系数和裂缝偏转角以及裂缝初始角，三者之间是互相影响的，即在某一变量发生变化时，可通过调节另外两个量对水力裂缝轨迹进行调控。本文提出的影响系数的意义在于：相比 Olson 和 Dahi Taleghani 的相对净压力参数 R_n，H 因子在数学上将最大水平主应力、最小水平主应力、缝内压力三个参变量变为一个变量，可通过这个变量评价裂缝偏转难易程度。但由于以上推导是基于直线裂缝得出的，当裂缝延伸轨迹为曲线时，不能直接应用水力裂缝转向角计算，还需考虑其他水力裂缝单元对裂缝尖端单元的叠加影响。

本次模拟中，在给定缝内压力的前提下，考虑了压裂液在裂缝内流动时的压力降。为了使裂缝有更大的转向空间，便于观察，模拟过程中设置裂缝方向近似为垂直于最大水平主应力。模拟基本参数：最大水平主应力恒为定值(40MPa)，杨氏模量为 30GPa，泊松比为 0.25，排量为 0.05m^3/s，其他参数见表 3.2，表中射孔角度指射孔方向与最大水平主应力方向夹角。

表 3.2 中将模拟研究分成 10 组，以案例 3 为基础对照组，对单条水力裂缝转向的影响因素进行分析，包括：水平主应力(案例 1、案例 2、案例 3)，缝内压力(案例 3、案例 4、案例 5)，初始射孔角度(案例 3、案例 6、案例 7)，压裂液黏度(案例 8、案例 9、案例 10)。为避免缝内压力降低对裂缝偏转的影响，前 7 组案例设置缝内压力恒定进行模拟，使模拟结果完全能从单因素影响的角度进行分析对比。其次再模拟考虑压裂液黏度时的裂缝转向，前 7 组案例模拟结果如图 3.2 所示。

对比案例1、案例2、案例3可知，随着最小水平主应力的减小，其对水力裂缝转向的干扰作用逐渐增强。若水平主应力方向在裂缝扩展中发生翻转，也会导致裂缝轨迹的变化，且变化幅度会随着应力差的增加而增大。对比案例3、案例4、案例5可知，水力裂缝内压力越大，裂缝越容易在扩展过程中摆脱水平主应力对其扩展轨迹的影响。对比案例3、案例6、案例7可知，射孔角在45°以内时对水力裂缝轨迹的影响不大，但当射孔角达到90°时对水力裂缝的延伸轨迹影响较大。

表3.2 不同对比方案下具体模拟参数值

案例类别	影响系数 H	最小水平主应力/MPa	缝内压力/MPa	初始射孔角度/(°)	考虑压降缝口压力/MPa	压裂液黏度/mPa·s
案例1 $\Delta\sigma_{H-h}=1$	3	39	43	90	—	—
案例2 $\Delta\sigma_{H-h}=5$	0.6	35	43	90	—	—
案例3 基础组	1.5	38	43	90	—	—
案例4 $\Delta P_f-\sigma_H=4$	2	38	44	90	—	—
案例5 $\Delta P_f-\sigma_H=10$	5	38	50	90	—	—
案例6 $\Delta\beta=45$	1.5	38	43	45	—	—
案例7 $\Delta\beta=20$	1.5	38	43	20	—	—
案例8 $\mu=45$	5	38	—	90	50	45
案例9 $\mu=85$	5	38	—	90	50	85
案例10 $\mu=125$	5	38	—	90	50	125

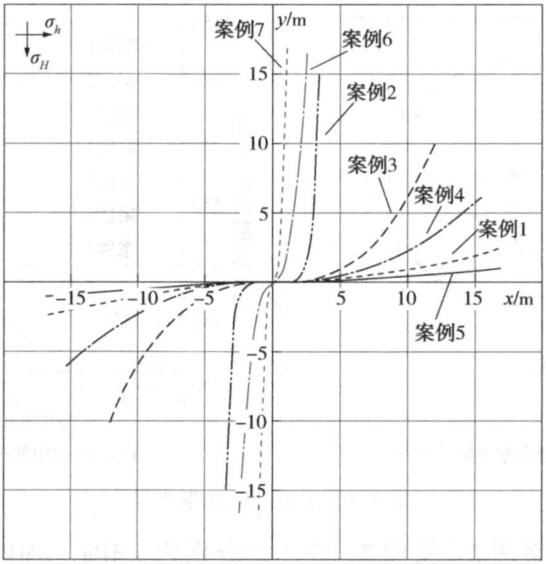

图3.2 不同条件下水力裂缝扩展形态

将表3.2中同一射孔角下的案例1~5的H_i(第i个案例的影响系数)按从大到小进行排列，分别为$H_5>H_1>H_4>H_3>H_2$，从对比图3.2的模拟结果可知，H因子越大的案例，水力裂缝越不容易偏转，在改变参变量类型和大小的情况下，H因子的评价结果与数值模拟结果完全吻合。基于此，可通过H因子实现对水力裂缝偏转能力评价。

上文主要分析了不同因素下的单水力裂缝形态，但对其扩展过程中的转向弯曲程度的体现不够明显。因此模拟了不同因素对裂缝转向曲率半径的影响，通过曲率半径大小评估裂缝偏转。裂缝转向半径模型如图3.3(a)所示，假设裂缝任意段偏转角为$\theta_{(r,i)}$，则：

$$\theta_{(r,i)}=\begin{cases}\theta_{i+1}-\theta_i & i=1,\ 2,\ 3,\ \cdots,\ n\\ \theta_1 & i=1\end{cases} \tag{3.9}$$

式中，θ_i为第i个单元编号的裂缝尖端转向角，(°)。

通过弧度和曲率半径之间转化关系计算每个裂缝单元曲率半径。水力裂缝转向过程中曲率半径如图3.3(b)所示。初始位置曲线波动的原因是初始时刻水力裂缝长度过短，水力裂缝同时受到地应力和扩展长度的影响，容易导致其在初始时刻偏转不稳定，但当水力裂缝长度达到初始长度2~3倍后会消失。

对比案例3、案例6、案例7，射孔角度分别为90°、45°、20°。由图3.3(b)可知，半缝长小于17m时，案例3曲率半径小于50m，相对处于低值，说明射孔角越大，近井地带裂缝偏转越厉害。

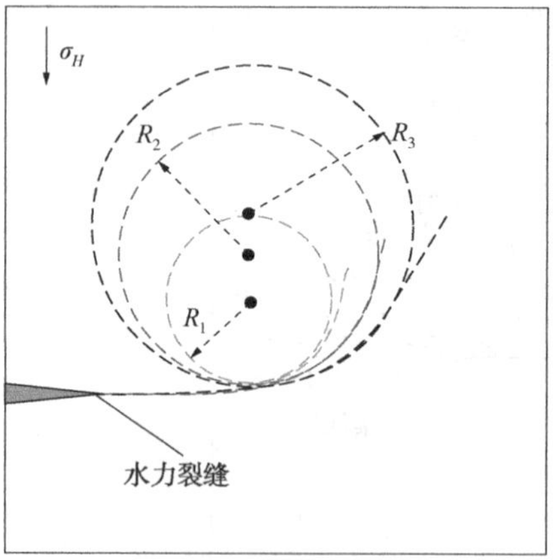

(a)裂缝曲率半径示意图

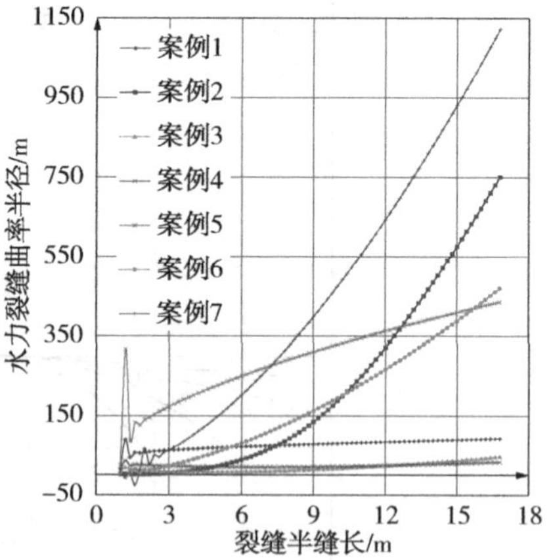

(b)案例1~7中的裂缝曲率半径

图3.3 水力裂缝曲率半径

对比案例1、案例2、案例3，应力差分别为1MPa、2MPa、5MPa。由图可知，地应力差较小时，水力裂缝会在较长一端距离内保持弯曲转向的状况；应力差较大时，例如为5MPa时，水力裂缝会在扩展6m左右时完成大幅转向，并在后续保持近似直线的扩展特征。

对比案例3、案例4、案例5，缝内压力对裂缝转向速率的影响在缝内压力过低时较小。只有当裂缝中的压力远远大于最大水平主应力时，曲率半径才会在裂缝起始破裂阶段维持在较大值，使裂缝保持原来的延伸方向，但仍在逐渐偏转。

3.1.2 考虑压裂液黏度时的裂缝转向

以上通过影响系数研究了水力裂缝的偏转情况。通常岩石裂隙中流体流动压降用流体力学中的Navier-Stokes方程描述。为研究压裂液黏度对裂缝偏转的影响，使用表3.1中岩石力学数据，对表3.2中案例8~10进行数值模拟。

模拟结果如图3.4所示，图中线条表示缝内压降变化，为地应力和缝内流体压力作用下的总应力，单位为Pa。由图可知，随着压裂液黏度增加，缝内压力下降更快，但黏度过大时，会影响裂缝长度(案例10)。且由于缝内压力难以从注液点传递到裂缝尖端，导致裂缝更容易发生转向。由此可见，低黏度压裂液容易形成长且直的水力裂缝轨迹，高黏度压裂液容易形成短且弯的水力裂缝轨迹。

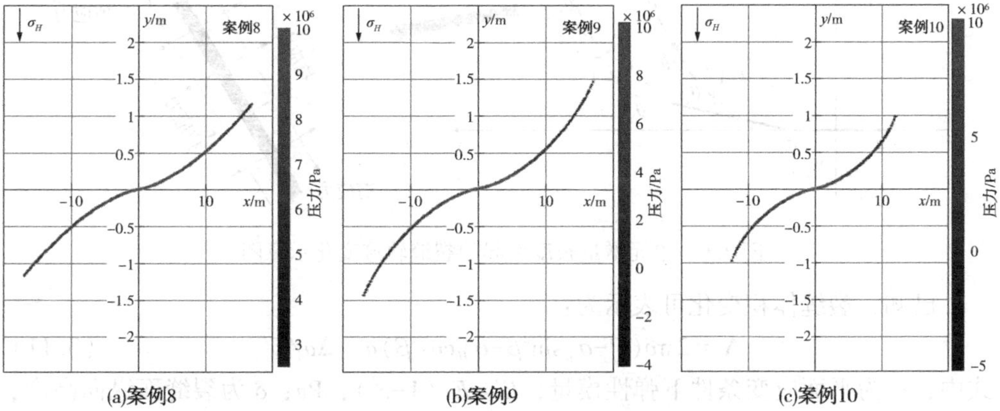

(a)案例8　(b)案例9　(c)案例10

图3.4 考虑压裂液黏度时的裂缝轨迹形态

3.1.3 岩石力学性质对裂缝转向的影响

上述研究了施工因素对裂缝转向的影响，下面将研究岩石力学性质对裂缝转向的影响。在模拟裂缝扩展时，需要确定裂缝尖端每次破裂时的转向角和扩展长度。本文通过引入Griffith能量释放理论对该问题进行分析。假设无限域内存在厚度为δ的薄板，薄板上存在三维裂缝如图3.5所示。图中P为缝内流体压力，

Pa；Δa 为裂缝扩展长度，m；Δv 为裂缝尖端扩展一定长度后裂缝的体积变化。此时缝内流体压力 P 做功可表示为 ΔW_P，J；地应力做的功为 ΔW_1（$\Delta W_1=\Delta v\cdot\sigma_n$），J；随着裂缝扩展，有一部分能量转变为应变能存储在岩石基质中，该部分能量表示为 ΔW_0，J；其余能量用于供给产生新的裂缝，称之为比表面能，大小为 $2c$。此时能量平衡方程可表示为：

$$\Delta W_P=\Delta W_0+\Delta W_1+2\gamma\delta\Delta c \tag{3.10}$$

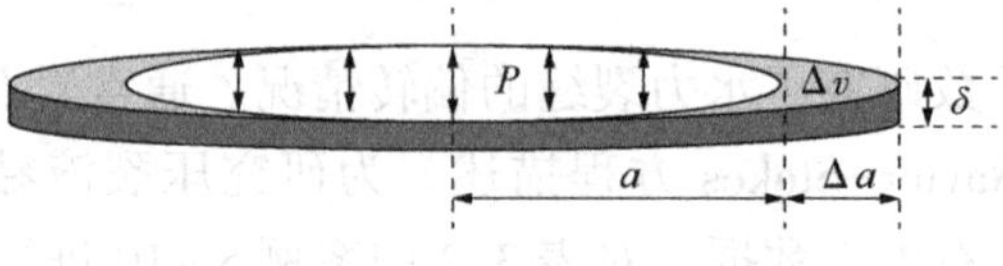

图 3.5　水力裂缝尖端体积变化

岩石在不同的力学性质下具有不同的表面能，因此失稳过程中产生的长度增量也不同，这导致裂缝的延伸轨迹不同，如图 3.6 所示。

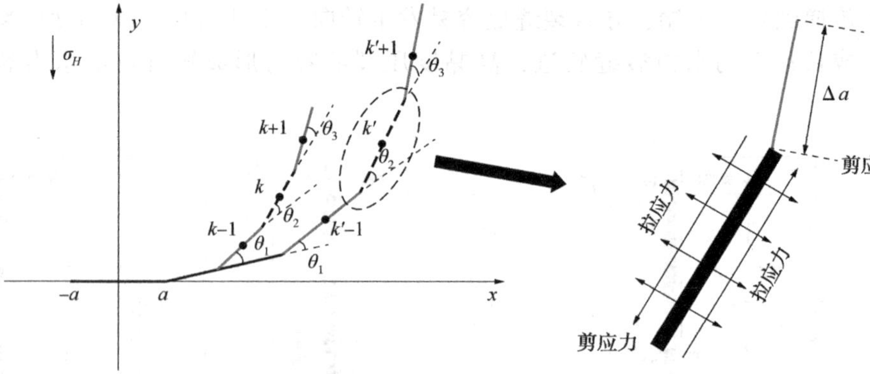

图 3.6　单元增量长度引起的裂缝轨迹变化示意图

已知，裂缝体积变化可表示为：

$$\Delta v=2\pi\delta(P-\sigma_h\sin^2\beta-\sigma_H\cos^2\beta)a\cdot\Delta a/E' \tag{3.11}$$

式中，E'为平面应变条件下弹性模量，$E'=E/(1-v^2)$，Pa；δ 为裂缝面纵向高度，二维条件下该数值为 1；Δa 为裂缝单元长度，m；a 为裂缝初始长度，m。

当不考虑压裂液滤失时，由体积平衡可知，裂缝体积变化等于单位时间步长内注入的流体体积：

$$\Delta v=Q_0\cdot\Delta t \tag{3.12}$$

式中，Q_0 为井口排量，m^3/s。

此时裂缝尖端扩展长度增量可表示为：

$$\Delta a^i=\Delta a_{\max}\cdot\left(\frac{G^i}{G_{\max}}\right)^{\alpha},\quad G^i=\frac{(K^i)^2(1-v^2)}{E} \tag{3.13}$$

式中，Δa_{max}为初始裂缝尺寸分配的每个扩展步骤的最大增量长度，m；G为平面应变条件下的裂缝尖端能量释放率；α为修正系数，通常为0.35。

在确定裂缝扩展长度增量后，模拟研究杨氏模量和泊松比对裂缝宽度和偏转轨迹的影响。模拟参数如表3.1所示，图3.7为杨氏模量分别为12GPa、30GPa、60GPa时的裂缝扩展模拟结果。图3.8为泊松比分别为0.2、0.3、0.4时的裂缝扩展模拟结果。

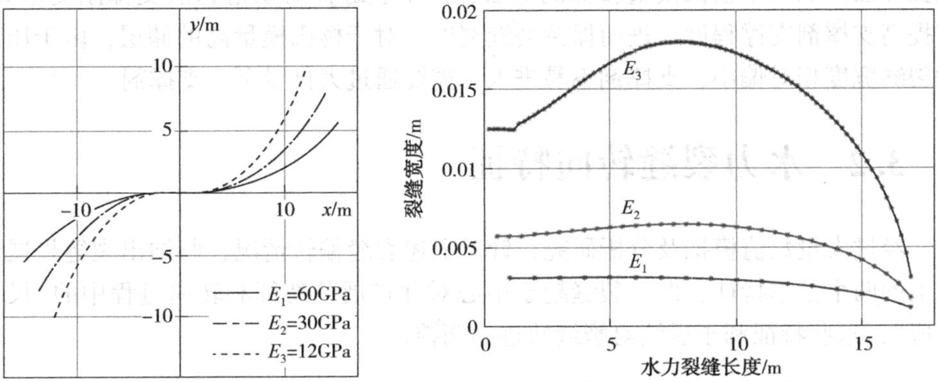

(a)裂缝偏转形态　(b)缝宽变化

图3.7　不同杨氏模量时的模拟结果

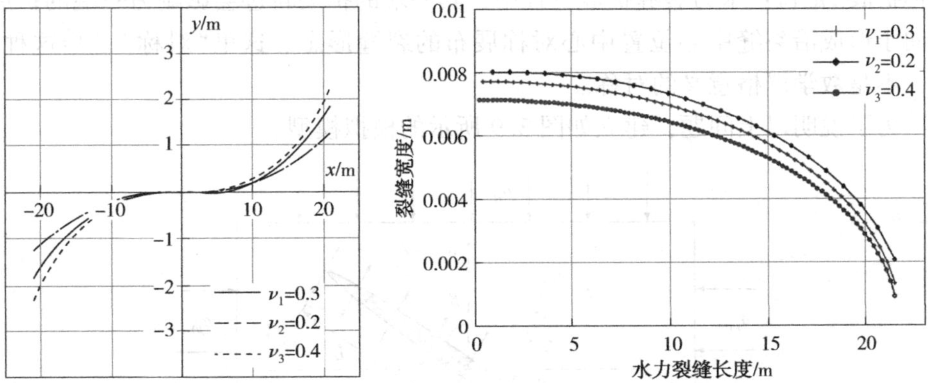

(a)裂缝偏转形态　(b)缝宽变化

图3.8　不同泊松比时的模拟结果

由图3.7和图3.8可知，随着杨氏模量的增大和泊松比的减小，裂缝越发不容易发生转向，裂缝的宽度也相应减小。泊松比对缝宽的影响小于2mm，杨氏模量对缝宽影响较大，最大达到10mm。另外由图3.7可知，杨氏模量为12GPa时，水力裂缝的最大缝宽达到0.0175m，但缝宽极值并未出现在井口处。这是由于杨氏模量过低导致岩石极易发生变形，但是裂缝在起始阶段近似垂直于最大水平主应力，壁面受到的压应力大于裂缝扩展一段时间后与最大水平主应力方向有一定夹角时受到的压应力，导致裂缝面被压缩。随着水力裂缝的偏转，裂缝面上压应力减小，水力裂缝宽度相对增大。但随着水力裂缝长度的持续增加，裂缝宽度逐渐减小，杨氏模量对缝宽的影响比泊松比显著。

通过以上分析，针对不同杨氏模量、泊松比的储层，可采取不同的裂缝轨迹调控方法。如对于杨氏模量较低的储层，由于裂缝面剪切滑移后支撑刚度不大，需提高支撑剂支撑程度，进而保持裂缝宽度。对于杨氏模量高的储层，由于压出的裂缝宽度相对偏小，支撑剂不易进入，需要通过大排量泵入支撑剂。

3.2 水力裂缝转向特征

经过大量数值模拟及分析研究，针对上述裂缝偏转情况，归纳出裂缝扩展形态上的两个基本特征，即：裂缝趋于中心对称扩展的特征和转向过程中的“尺寸效应”，这些特征利于后续对裂缝轨迹的调控。

3.2.1 裂缝的对称扩展特征

水力压裂过程中，平面裂缝是两端起裂，双向扩展的。本节提出的“裂缝的对称扩展”是指：水力裂缝扩展过程中，其一端的扩展轨迹会影响另一端的扩展，趋向于形成沿裂缝中心位置中心对称展布的裂缝形态。这里“对称”是指这种趋势，不是数学严格意义的对称。

为了说明以上问题，建立如图 3.9 所示的模拟模型。

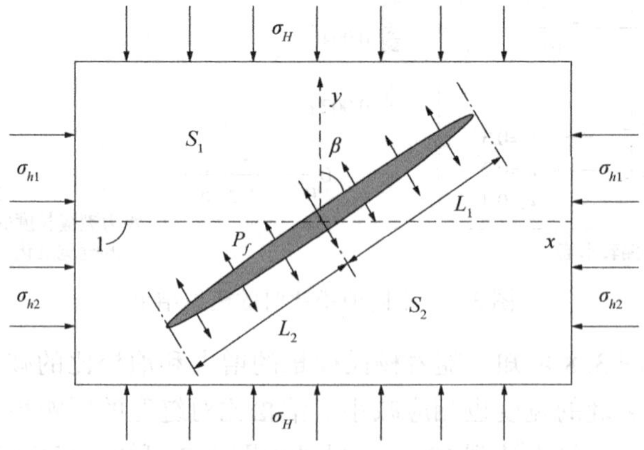

图 3.9　裂缝对称扩展模拟模型

其中将研究域沿线 1 分为 S_1 和 S_2 上下两部分。通过改变最小水平主应力 σ_{h1} 和 σ_{h2} 的值，在 S_1 和 S_2 中构造两个不同的应力场。保持区域 S_1 中水平主应力差不变，变化区域 S_2 中应力差，观察不同应力差作用下裂缝 L_2 段的扩展形态对 L_1 段转向的影响。模拟过程中，区域 S_1 水平主应力差 ΔP_1 为 0MPa；变化区域 S_2 水平主应力差 ΔP_2 分别为 2MPa、4MPa、6MPa。为了使裂缝偏转情况更加明显，预设 β 为 89.9°，其他岩石力学参数见表 3.1。

模拟结果如图 3.10 和图 3.11 所示。为了更形象地展示储层地应力分布不均匀对裂缝轨迹的影响，图 3.10 是水力裂缝从开始扩展到半缝长为 10m 时的应力 σ_{xx} 分布和裂缝形态图。可以看出在图 3.10(a) 中区域 S_1 和区域 S_2 具有不同的水平主应力。其中在区域 S_1 水平主应力差为 0MPa，在区域 S_2 水平主应力差为 4MPa。由图 3.10(b) 可知由于应力差缘故，裂缝 L_2 段向最大水平主应力方向偏转，与水力压裂中“裂缝沿最大水平主应力方向扩展”认知一致；L_1 段水平主应力差为零，通常认为裂缝会沿原方向扩展，但图中显示其具有趋向最大水平主应力方向(σ_H 方向)偏转的现象，只是相对于 L_2 段裂缝来说 L_1 段裂缝弯曲程度较小。

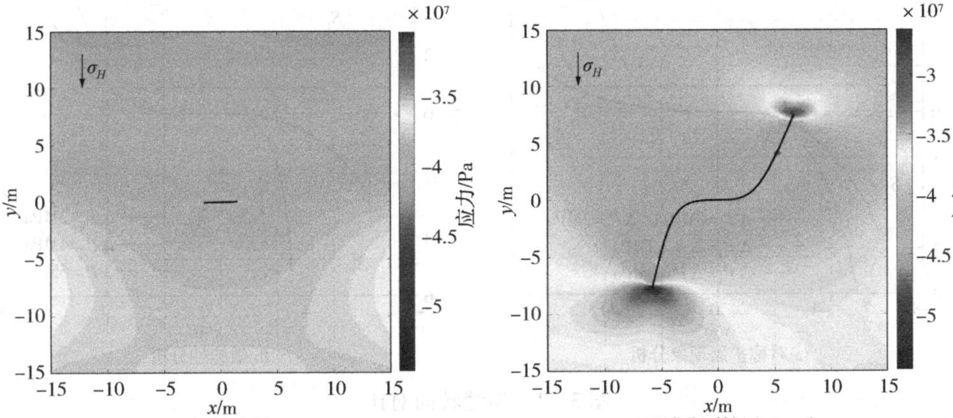

图 3.10 裂缝面上下不同水平主应力差时的裂缝轨迹

为了对比当裂缝两端处于不同应力场时对相互间轨迹的影响，在以上数据和模型基础上，模拟了三种情况下裂缝的偏转情况，如图 3.11(a) 所示。第一种情况：区域 S_1 和区域 S_2 具有相同的水平主应力，为零，裂缝轨迹如线 1 所示。没有应力差时，裂缝直线扩展；第二种情况：S_1 和区域 S_2 具有相同的水平主应力差，为 4MPa，裂缝轨迹如线 2 所示，裂缝 L_1 段和 L_2 段趋向于最大主应力方向，呈现中心对称扩展；第三种情况：S_1 区域主应力差为零，S_2 区域主应力差为 4MPa，裂缝轨迹如线 3 所示，裂缝 L_1 段和 L_2 段趋向于中心对称趋势扩展，但不是严格意义的中心对称图形。对比第一种情况和第三种情况，当区域 S_2 存在主应力差时，L_2 段的偏转会迫使不存在应力差的 S_1 区域的 L_1 段裂缝也发生偏转。对比第二种情况和第三种情况，不存在应力差的 S_1 区域的 L_1 段裂缝反过来也会弱化存在应力差的 S_2 区域裂缝 L_2 段裂缝的偏转情况。可见水力裂缝尖端的转向不仅受到尖端应力场影响，同时也受到整条水力裂缝形态的影响。

图 3.11(b)模拟了 S_1 区域应力差为零，S_2 区域不同应力差时的裂缝偏转情况。由图可知，随着 S_2 区域水平主应力差的增大，裂缝偏转越来越明显，甚至在应力差为 6MPa 时，水力裂缝在 3m 内就完成了转向。相应地，随着 L_2 段裂缝偏转角度的增大，会带动 L_1 段裂缝也发生明显偏转。L_2 段受到 6MPa 水平主应力差作用时带动 L_1 段产生的偏转情况，类似于 L_1 段受到水平主应力差为 2MPa 时产生的偏转。可见，当不能控制 L_1 段裂缝受到的地应力场作用时，改变 L_2 段裂缝所处的地应力，依然可以反向影响 L_1 段裂缝的转向轨迹。

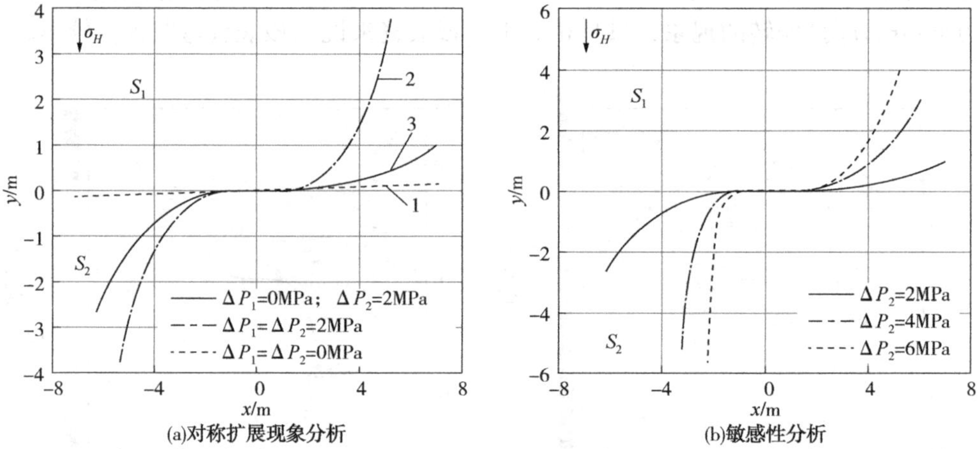

图 3.11　裂缝转向对比

由此可见，裂缝中心点两侧总是趋于中心对称扩展的，这种现象是由整段裂缝位移的叠加引起的。而叠加量的多少，又会使裂缝在偏转过程中展现出一定的“尺寸效应”，这将在下节讨论。

3.2.2　裂缝偏转轨迹的“尺寸效应”

对于裂缝破裂延伸过程中的“尺寸效应”，通常较为关注的是扩展速度上的“尺寸效应”，该现象在微裂隙亚临界扩展中尤为明显，随着裂缝半长的增大，扩展速度呈现指数级增长。本文认为裂缝偏转过程中也存在“尺寸效应”，具体指水力裂缝在起裂扩展过程中，在相同的应力和岩石力学条件下，小尺寸的水力裂缝的转向相对更容易受到外界环境的影响。本文中将这种由裂缝长度引起的转向程度的差异称为裂缝转向的“尺寸效应”。

为研究裂缝转向是否存在“尺寸效应”，在相同岩石力学性质(表3.1)及应力差(4MPa)条件下，模拟研究裂缝的转向。

模拟结果如图3.12所示，$L_i(i=1, 2, 3)$代表裂缝偏转相同角度需要的横向扩展长度，当裂缝初始半长分别为1m、2m、4m时，L_1为1.5m；L_2为4m；L_3为9.5m。由此可知，裂缝偏转相同角度时，随着裂缝初始半长的增加，转向所需的距离也在逐渐增加。其次模拟了裂缝不同初始半长a时的转向情况，如图3.13所示。由图中线1分析可得，在裂缝偏转1rad时，裂缝初始半长越长，越不容易发生转向，其偏转1rad所需的扩展长度越长。

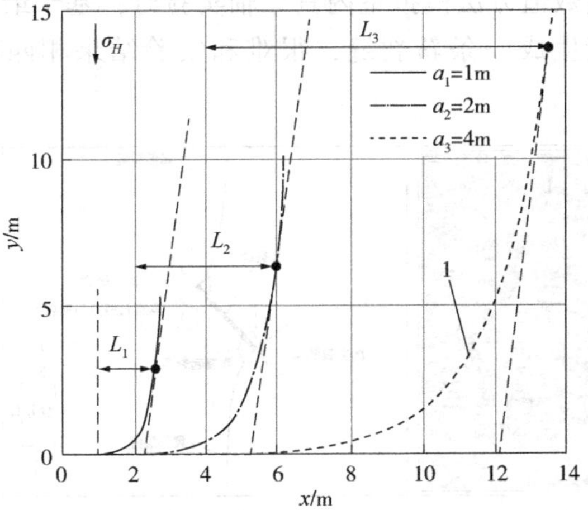

图3.12 裂缝不同初始长度时的偏转轨迹

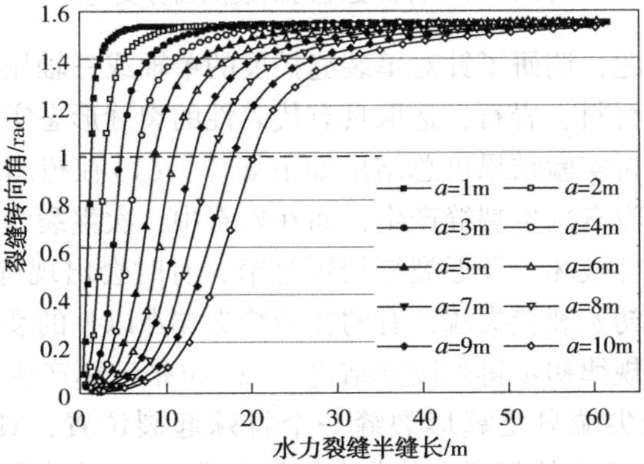

图3.13 水力裂缝扩展到不同长度时的转向角

3.3　裂缝分岔理论分析

水力裂缝扩展过程中不仅存在裂缝偏转情况，也有分支裂缝的产生。针对裂缝分岔问题，学者们从实验观测到岩石扩展时在裂缝尖端附近有分支裂缝的产生，如图 3.14(a)所示，并将产生的新裂缝分别称为翼形裂缝和次生裂缝。在图 3.14(b)中，称翼形裂纹为拉张裂缝，次生裂缝为剪切裂缝。

Dyskin 等通过大量实验指出，翼形裂缝往往并不足以造成试件破坏，其扩展长度达到初始长度的 1~1.5 倍后会停止扩展。Wong 和 Einstein 通过高速摄像机记录了含单裂隙岩体单轴压缩时的变形，指出次生裂纹在初始阶段是拉张破坏造成的。目前通过数值方法模拟室内真三轴实验时，基于最大周向应力的裂缝断裂判别准则只能生成一条新裂缝，很难和实验结果相匹配，如图 3.14(c)所示。

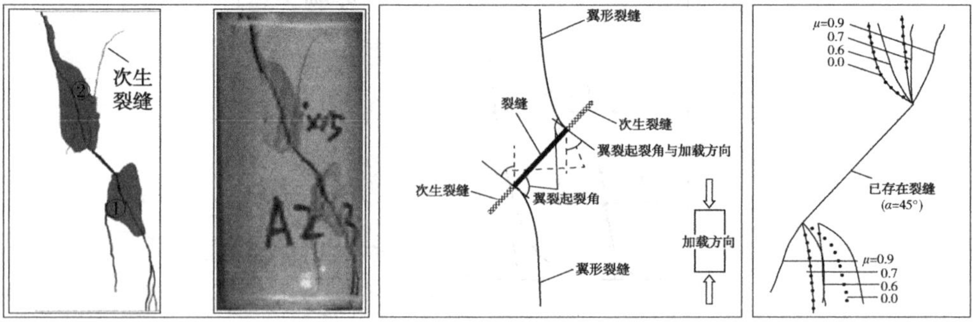

(a)实验结果(据谢雨霖，2022)　(b)原理图(据Bobet A，1998)　(c)数值模拟结果(据Wong R H C，1998)

图 3.14　岩石受压时的裂隙面分支缝

为了分析该问题，调研了针对单裂缝扩展的单轴或三轴压缩实验结果，对象包括：玻璃、树脂材料、岩石，选取具有代表性的裂缝形态实验结果，如图 3.15 所示。通过观察分析实验结果可总结出如下规律：(1)在树脂或玻璃材料中多出现翼形裂缝，基本没有次生裂缝产生，而在岩石中，次生裂缝很常见，其裂缝较宽且最终可导致试件破坏，翼形裂缝较短且窄，有时会出现有时不会；(2)翼形裂缝起裂点有的在初始裂缝尖端，有的在裂缝尖端点以外的裂缝面上。

本文基于以上规律初步得到以下结论：(1)拉张破坏产生的翼形裂缝起裂点是不固定的，裂缝尖端只是翼形裂缝一个特殊起裂位置，具体如图 3.15(a)、(c)、(e)、(f)、(g)中的起裂点并非在裂缝尖端；(2)次生裂缝是由于裂缝剪切膨胀造成的拉张破坏。

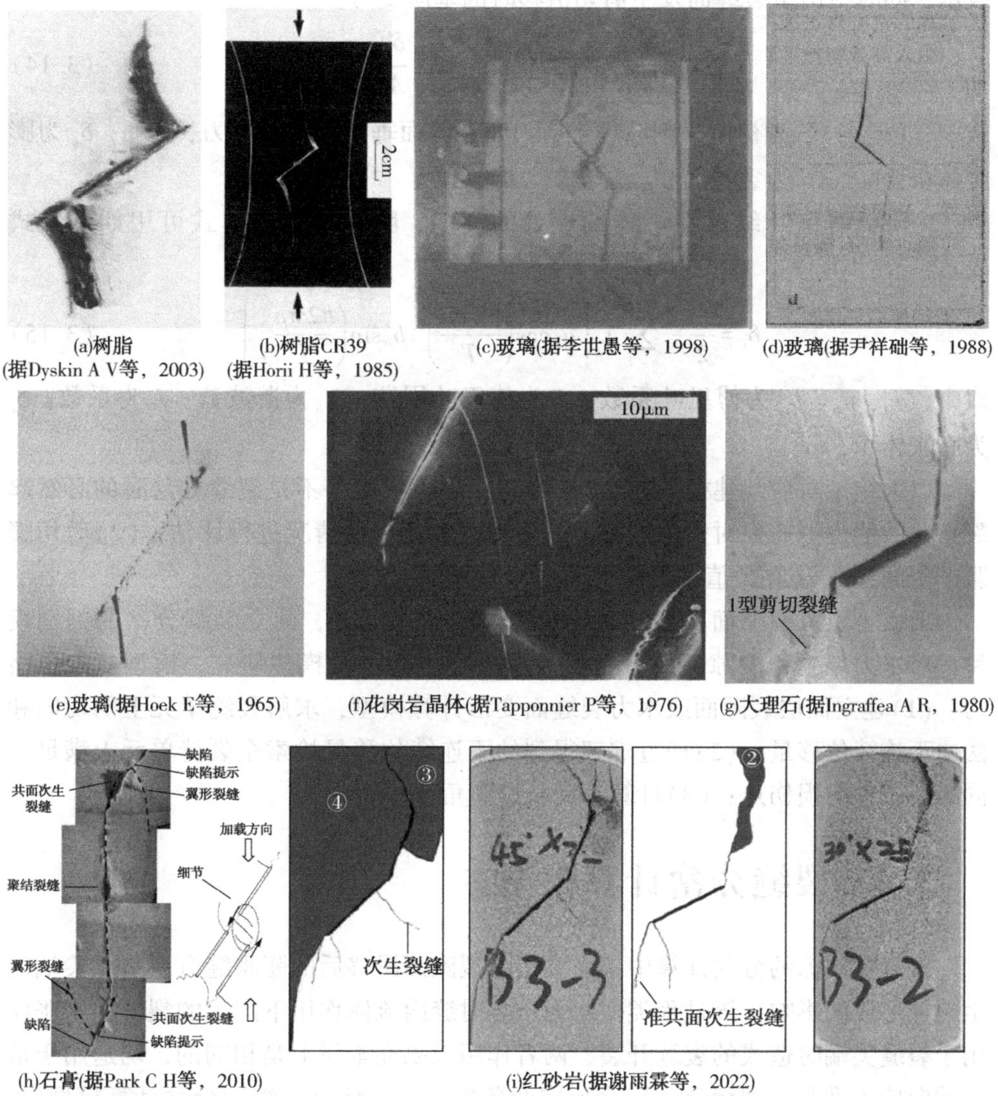

(a)树脂(据Dyskin A V等，2003) (b)树脂CR39(据Horii H等，1985) (c)玻璃(据李世愚等，1998) (d)玻璃(据尹祥础等，1988)

(e)玻璃(据Hoek E等，1965) (f)花岗岩晶体(据Tapponnier P等，1976) (g)大理石(据Ingraffea A R，1980)

(h)石膏(据Park C H等，2010) (i)红砂岩(据谢雨霖等，2022)

图 3.15　含裂隙岩体压缩实验

考虑玻璃和树脂材料，由于其相对较高的均质性，裂缝面发生剪切滑移时膨胀缝宽极小，不足以拉开裂纹尖端。而对于岩石而言，在裂缝面形成翼形裂缝的同时，由于岩石的强非均质性，裂缝发生剪切滑移产生的裂缝面并不平整，致使形成一定的膨胀缝宽，导致了裂隙的拉张开裂。可见在数值模拟中，岩石中的闭合裂隙面在受到剪切力发生相对滑移时，由膨胀缝宽产生的作用力不容忽视。关于膨胀缝宽，Indraratna 等提出岩石任意剪切位移处的膨胀都可以用傅里叶级数表示，同时给出了裂缝面发生剪切滑移时的垂向受力：

$$\sigma_n = (\sigma^i_{n\_nat})^{\infty}_0 + K_n \frac{\delta_v}{A_j} \tag{3.14}$$

式中，$(\sigma^i_{n\_nat})^{\infty}_0$ 为初始时刻原场主应力在裂缝面垂向产生的应力，MPa；δ_v 为膨胀体积，m^3；A_j 为裂缝面积，m^2。

为降低傅里叶级数在不连续点处的震荡，膨胀体积表达式可用如下形式表示：

$$\delta_v = \frac{a_0}{2} + \sum_{n=1}^{N_h} L_f\left[a_n\cos\left(\frac{h2\pi n}{T}\right) + b_n\sin\left(\frac{h2\pi n}{T}\right)\right] \tag{3.15}$$

式中，a_0、a_n、b_n 为傅里叶系数；T 为傅里叶周期；N_h 为谐波数；L_f 为系数；δ_v 为膨胀体积，m^3。

以上结论对后续建模的指导意义在于：(1)尖端并不是裂缝分岔时的必然起裂点，数值模拟需要对整个裂缝上下面受力后的损伤情况进行评估；(2)剪切膨胀产生的缝宽 D_n 在数值模拟中必须进行考虑。

下文将引入裂隙面剪切滑移时膨胀缝宽这一参量，建立裂缝分岔的判别模型，对水力裂缝和裂隙面的分岔机理及影响因素进行模拟研究。模型基本思路为：(1)建立储层裂隙面或水力裂缝面变形计算模型，求解裂缝单元上的切向和法向不连续位移量；(2)通过求解得到的不连续位移量检索全裂缝单元上满足不同断裂条件的损伤点；(3)计算扩展长度和角度。

3.4 裂缝分岔计算模型

在岩体裂隙的分岔计算中，需要考虑裂隙面滑移后的膨胀缝宽对裂隙尖端次生裂缝形成的影响，该过程类似水力压裂时缝内流体作用下产生的裂缝面膨胀作用于裂缝尖端时造成的裂缝开裂，两者作用效果在本质上是相同的，均适用于最大周向应力准则。裂缝分岔后会形成两条裂缝，在建立裂缝面分岔计算模型中：首先，水力裂缝尖端和岩体裂隙尖端次生裂隙生成均可用最大周向应力准则判断；其次，裂隙面翼形裂缝是拉张裂缝，是裂缝面上受拉张应力作用的结果，和水力裂缝面受到的拉张应力产生分岔原理相同。下文将同时分解岩体裂隙面和水力裂缝面受力破裂过程，逐步建立裂隙面和水力裂缝面分岔计算模型，通过验证裂隙面分支裂缝计算模型，证明水力裂缝分岔计算模型的正确性。水力裂缝面变形的计算模型已在第 2 章进行了详细讨论。这里主要针对岩体裂隙建立不连续面变形的本构模型，此处裂隙适用于后文天然裂缝滑移判别的计算。

3.4.1　裂隙面受力模型

储层中裂隙往往是受各种应力共同作用的。首先是水平主应力，将裂隙离散为 N_nat 个单元节点，此处单元“节点”指离散裂缝单元的中间位置。任意单元节点受到水平主应力作用可表示为如下形式：

$$\begin{cases}(\sigma^i_{s\_nat})^\infty_0=-\dfrac{1}{2}(\sigma_h-\sigma_H)\sin 2\beta^i \\ (\sigma^i_{n\_nat})^\infty_0=-\sigma_h\sin^2\theta_i-\sigma_H\cos^2\beta^i\end{cases}\quad (i=1,\ 2,\ \cdots,\ N\_nat) \tag{3.16}$$

式中，i 表示裂隙单元编号；$(\sigma^i_{s\_nat})^\infty_0$、$(\sigma^i_{n\_nat})^\infty_0$ 分别表示初始远场水平主应力作用在岩石裂隙面上的切向应力和法向应力，Pa。

其次，在储层水平主应力和其他应力（如：水力压裂时诱导应力）作用下，裂隙面之间也存在相互作用力。在考虑水平主应力、诱导应力等多因素综合影响时，假设裂隙受到的有效应力为 $(\sigma^i_{n\_nat})_{\text{stiff}}$ 和 $(\sigma^i_{s\_nat})_{\text{stiff}}$，可将裂隙面之间的法向和切向作用力表示为如下形式：

$$\begin{cases}(\sigma^i_{n\_nat})_{\text{stiff}}=-K_n\Delta D^i_n \\ (\sigma^i_{s\_nat})_{\text{stiff}}=-K_s\Delta D^i_s\end{cases} \tag{3.17}$$

式中，K_n 为支撑刚度，Pa/m，该参量将在第 4 章进行描述；ΔD^i_n 和 ΔD^i_s 分别表示第 i 个节点单元上法向和切向不连续位移量的变化量，m。

通常储层裂缝面受力时会产生三种情况：第一种是裂缝面张开，这种情况主要出现在缝内有外部流体注入时，缝内压力导致裂缝面被撑开；第二种是裂缝面发生了相对滑移，且由于剪切膨胀导致裂缝面产生微小张开，这种情况主要是由裂缝面切向应力引起；第三种是裂缝面并未发生张开和相对滑移，这是由于裂缝面胶结强度或摩擦力过大导致。综合起来，通过摩尔库伦定律，上述裂隙面的三种力学行为可根据下述应力条件进行判断，并给出了不同条件下裂隙面相互作用力表达式：

（1）裂隙面张开（$\sigma^i_n>0$）：

$$\begin{cases}(\sigma^i_{n\_nat})_{\text{stiff}}=0 \\ (\sigma^i_{s\_nat})_{\text{stiff}}=0\end{cases} \tag{3.18}$$

（2）裂隙面滑移（$\sigma^i_n\leqslant 0$，$|\sigma^i_s|\geqslant C-\mu\cdot\sigma^i_n$）：

$$\begin{cases}(\sigma^i_{n\_nat})_{\text{stiff}}=-K_n\Delta D^i_n \\ (\sigma^i_{s\_nat})_{\text{stiff}}=-K_s\Delta D^i_s=C-\mu\cdot\sigma^i_n\end{cases} \tag{3.19}$$

（3）裂隙面闭合（$\sigma^i_n\leqslant 0$，$|\sigma^i_s|<C-\mu\cdot\sigma^i_n$）：

$$\begin{cases}(\sigma^i_{n\_nat})_{\text{stiff}}=-K_n\Delta D^i_n \\ (\sigma^i_{s\_nat})_{\text{stiff}}=\sigma^i_s-K_s\Delta D^i_s\end{cases} \tag{3.20}$$

式中，C 为裂隙面内聚力，Pa；μ 为裂隙面摩擦系数；σ_n^i 和 σ_s^i 分别为第 i 个节点单元上受到的法向应力和切向应力，Pa。

综上所述，可将裂隙单元受力边界条件表示为如下形式：

$$\begin{cases} \sigma_{n\_nat}^i = (\sigma_{n\_nat}^i)_0^\infty + (\sigma_{n\_nat}^i)_{\text{stiff}} \\ \sigma_{s\_nat}^i = (\sigma_{s\_nat}^i)_0^\infty + (\sigma_{s\_nat}^i)_{\text{stiff}} \end{cases} \tag{3.21}$$

3.4.2 裂缝变形控制方程

基于不连续位移法的裂缝面变形可参考公式(2.33)。由3.3小节分析知，裂隙剪切滑移时，需要考虑裂隙面产生的膨胀缝宽对裂缝面整体受力的影响。将裂隙面离散成 N 个不连续单元，首先假定任意裂隙单元滑移后产生的剪切膨胀缝宽为 $[D_n^j]_0$，则变形方程可表示为如下形式：

$$\begin{cases} \sum_{j=1}^{N} [A_{ss}^{i,j}([D_s^j]_0 + \Delta D_s^j) + A_{sn}^{i,j}([D_n^j]_0 + \Delta D_n^j)] = \sigma_{s\_nat}^i \\ \sum_{j=1}^{N} [A_{ns}^{i,j}([D_s^j]_0 + \Delta D_s^j) + A_{nn}^{i,j}([D_n^j]_0 + \Delta D_n^j)] = \sigma_{n\_nat}^i \end{cases} \quad (i=1,\ 2,\ \cdots,\ N) \tag{3.22}$$

通过3.3小节分析知，裂隙面上拉张裂缝的形成并不一定是从裂缝尖端开岔分裂的，而起裂点是位于裂缝面上，扩展后最终形成了裂隙开岔形态。针对不同的开裂方式需要采用不同的计算准则。

3.4.3 裂缝尖端起裂计算模型

裂缝尖端起裂是裂缝受到的剪应力及剪切滑移产生的膨胀缝宽在缝尖端的应力集中引起的，作用点在裂缝尖端，裂缝断裂模式属于Ⅰ型拉张和Ⅱ型剪切的复合断裂，断裂准则及断裂后裂缝转向角的计算参见2.4小节水力裂缝断裂准则和转向角的计算。

3.4.4 裂缝面的起裂计算模型

通过分析得到翼形裂缝是裂缝面受到切向应力作用产生的拉张破坏形成的，形成位置往往是在裂缝面上。裂缝壁面的损伤取决于裂缝面上下的受力。裂缝壁面受到的最大应力由正应力、切应力和剪应力共同作用产生。其中正应力和剪应力在裂缝面上是连续的，但切应力由于裂缝面的滑移所以不连续。

本节将通过逐步分解的方式，使用边界元法求解和分析裂缝面受力时切向位移分布，建立基于位移梯度的裂缝面最大拉应力数学计算模型，通过抗拉强度准则判别裂缝面断裂位置，模拟研究分支裂缝的形成机制和影响因素。分支裂缝形成时，裂缝面受力和变形示意图，如图 3.16 所示。图中，U_{S^-}表示应力作用下，不连续单元法线负向的裂缝面切向位移，m；U_{S^+}代表不连续单元法线正向的裂缝面切向位移，m。s-n 和 x-y 分别为不连续单元局部和全局坐标系。

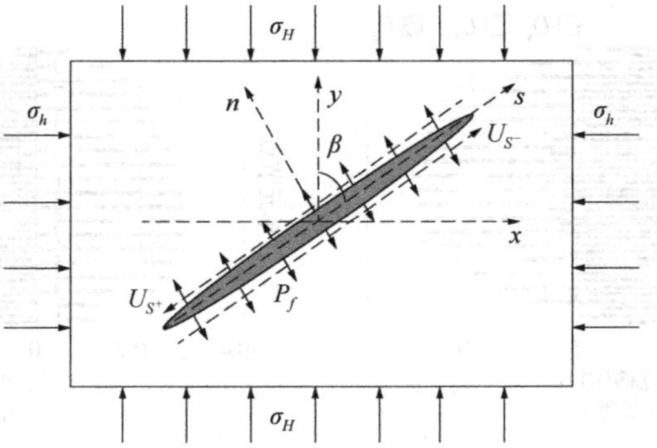

图 3.16 分支裂缝形成时裂缝面受力和位移示意图

3.4.4.1 裂缝面切向位移

众所周知，当拉应力达到或超过岩石抗拉强度时，岩石会发生破坏，产生拉张裂缝。上文提到拉张性破坏也会发生在裂缝面处，从而导致裂缝面因产生拉张损伤而形成分支裂缝。当在裂缝面某处切向位移满足一定条件，导致该处拉张应力达到岩石抗拉强度时，裂缝面才会发生破坏。

为了对水力裂缝和裂隙面分别进行讨论，建立 4 种直裂缝受力模型，分析裂缝面切向位移，其中模型一：$P_f=0$MPa，$\Delta\sigma_{(H-h)}=5$MPa，$\beta=0°$，类似平行于最大水平主应力方向的天然裂缝；模型二：$P_f=0$MPa，$\Delta\sigma_{(H-h)}=5$MPa，$\beta=30°$，类似与最大水平主应力方向存在夹角的天然裂缝；模型三：$P_f=5$MPa，$\Delta\sigma_{(H-h)}=$ 5MPa，$\beta=0°$，类似平行于最大水平主应力方向的水力裂缝；模型四：$P_f=$ 5MPa，$\Delta\sigma_{(H-h)}=5$MPa，$\beta=30°$，类似与最大水平主应力方向存在夹角的水力裂缝。模型一和二相当于裂隙岩体单轴压缩实验，模型三和四相当于岩体中水力压裂实验，模型基本岩石力学参数见表 3.1。通过以上 4 个模型研究不同主应力和缝内压力对裂缝面分岔的作用效果。

基于公式(2.29)，求解不连续裂缝单元面的相对位移量和切向位移分量，模拟结果如图 3.17 所示。

模型一中，由于正余弦函数原因，使裂缝顺时针偏转 0.01°近似模拟裂缝倾角 $\beta=0°$。由图 3.17(a)可知，裂缝两个不连续面的切向不连续位移量对称分布，正值表示裂缝面向坐标轴正向的位移，负值表示向负向移动的位移。裂缝面最大切向不连续位移量 $U_{S^+}=U_{S^-}=6.4\times10^{-8}$m，位移极大值出现在第 10 和第 11 个单元节点处，即裂缝中心位置。越靠近裂缝尖端，切向位移量越小，当离散单元数足够多时，裂缝尖端切向不连续位移量趋于零。两个不连续面之间的相对位移 D_S 极大值为 12.8×10^{-8}m，极大值同样出现在裂缝中心位置，可见裂缝平行于最大水平主应力方向时，产生切向位移值极小。

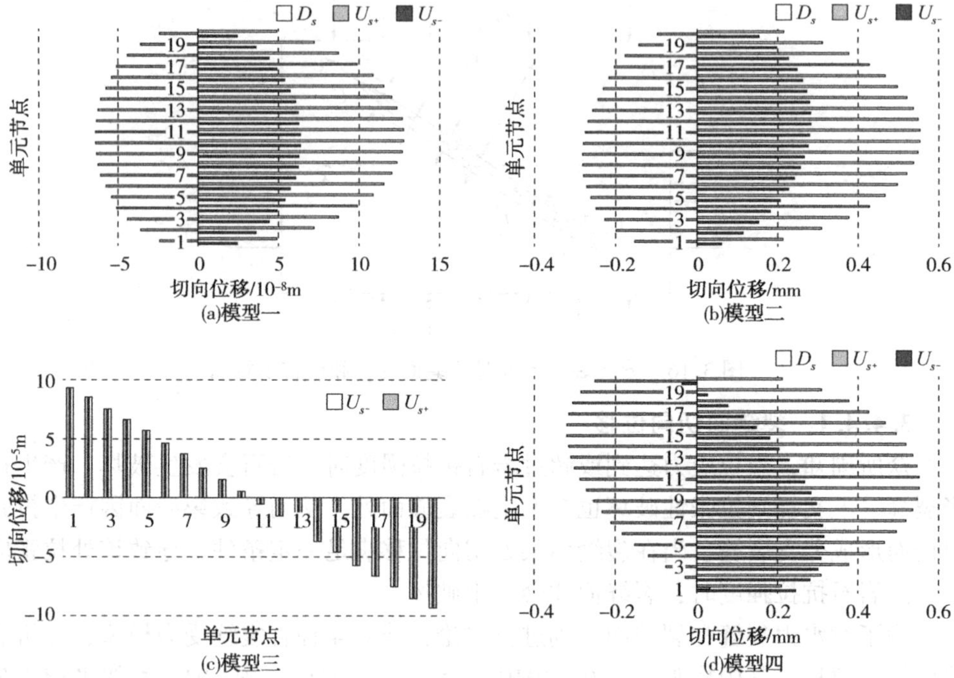

图 3.17　直裂缝不同倾角和缝内压力时的切向位移分量

模型二中，相对于模型一，裂缝顺时针偏转了 30°以便于裂缝面上有地应力产生的切向应力分量。此时在地应力作用下，裂缝发生相对滑动，且裂缝两个面的切向位移在相同节点处并不是对称分布，但裂缝面位移方向整体保持一致。裂缝面最大切向不连续位移量为 0.282mm，以 U_{S-} 为例，位移极大值出现在第 12 个单元节点处。裂缝尖端处切向位移同上，逐渐趋于零。两个不连续面之间的相对位移 D_S 极大值为 0.554mm，极大值同样出现在裂缝中心位置。与模型一相比，裂缝偏转后，裂缝面切向不连续位移量提高了 4 个数量级，由此可得，裂缝面与水平主应力之间有一定倾角时可极大地促进裂缝面之间的相对滑移。

模型三中，裂缝仅受到缝内压力的作用。裂缝由于缝内憋压而产生对称膨胀，因此两裂缝面之间并未发生相对滑动，D_S 为零；但是由于弹性平面应变作用，使得裂缝面在发生横向膨胀的同时也会产生微量的切向位移。两侧面切向不连续位移在不同节点上处处相等。裂缝面切向位移极大值为 9.358×10^{-5}m，极大值出现在裂缝尖端单元，裂缝中心单元切向位移为零，这是由于裂缝中心单元受力垂直于单元面且完全对称。对比模型二，依靠裂缝膨胀产生的切向位移同样小于由裂缝面倾斜后受力产生的切向位移。在受力相同时，两者在裂缝面上产生的切向位移极大值相差 1 个数量级。

模型四是对模型二和模型三的综合，既有缝内压力，又使裂缝面倾斜了 30°。在应力综合作用下，裂缝不连续单元面之间发生了相对滑动。裂缝面最大切向不连续位移量 $U_{S+}=U_{S-}=3.18\times10^{-4}$ m，位移 U_{S-} 极大值出现在第 5 个单元节点处。相对于案例二中 U_{S-} 的极值点位置在裂缝后半段，本模型中 U_{S-} 极值点出现在裂缝前半段，这是由于叠加了缝内压力的结果。两个不连续面之间的相对位移 D_S 极大值为 0.277mm，极大值同样出现在裂缝中心位置。

通过分析以上 4 个模型可得出如下结论：要使裂缝面产生较大切向位移，需使裂缝面与其所处的局部最大主应力方向具有一定夹角，使裂缝面切向上作用有应力分量。裂缝面发生相对滑移时，不连续面一侧的裂缝单元切向位移量并不是处处相等。极值点出现的位置受裂缝倾角、主应力和缝内压力共同作用，其中，水平地应力和缝内压力对裂缝面切向位移极值出现位置的作用是相反的。后续可以通过调节缝内压力，调节切向位移极值出现的位置。

3.4.4.2　基于不连续面位移梯度的切向应变计算模型

以上分析了裂缝面在受力时单元节点两侧的不连续位移量，想要通过位移计算应力，需要将节点单元不连续位移量转换为应变的形式。应变指单位长度上的"变形"($\Delta L/L$)，本文基于中心差分的方法，将不连续面受力时的切向应变用位移梯度(应变)的形式进行表示。差分法包括向前差分、向后差分和中心差分三种方法，此处使用中心差分法，原因在于求解时可避开尖端单元。

当裂缝面切向存在不连续位移时，不同单元节点不连续位移示意图如图 3.18 所示。图中，i 为裂缝节点单元编号；Δx 为裂缝节点单元长度，m；U_s 为节点单元切向位移，m。

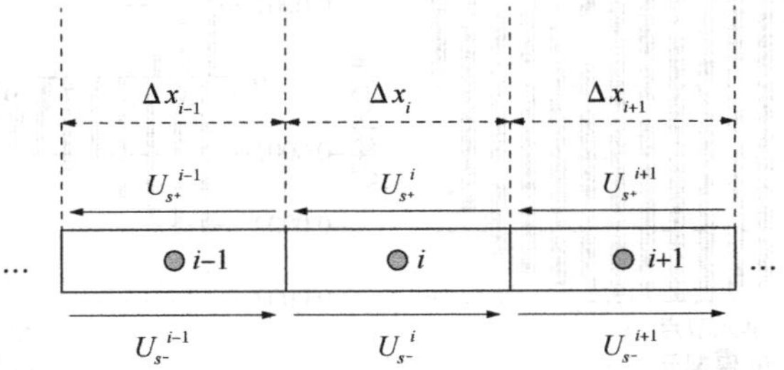

图 3.18　裂缝面上不连续位移示意图

利用中心差分法，建立裂缝不连续位移梯度求解方法，确定不连续位移单元之间的位移梯度。中心差分表达式如下：

$$\frac{\partial f}{\partial x}=\frac{f(x^{i+1})-f(x^{i-1})}{x^{i+1}-x^{i-1}} \tag{3.23}$$

本文中，$f(x^{i+1})$对应于u_s^{i+1}，$f(x^{i-1})$对应于u_s^{i-1}，$x^{i+1}-x^{i-1}$代表第$i-1$个单元节点到第$i+1$个单元节点之间的距离，m。由此，裂缝面位移梯度可表示为如下形式：

$$\frac{\partial u_{s\pm}}{\partial s}=(u_{s\pm}^{i+1}-u_{s\pm}^{i-1})/(\Delta x_{i+1}+2\Delta x_i+\Delta x_{i-1}) \tag{3.24}$$

式中，Δx_i为第i个裂缝单元的长度，m；$u_{s\pm}^{i+1}$表示裂缝第$i+1$个单元的切向位移，m；"±"符号表示裂缝的上下两个裂缝面。

同样地，计算本节第一部分4个模型的位移梯度，模拟结果如图3.19所示。计算模型中，裂缝面切向应变等效于切向位移梯度，此时不仅需关注位移梯度大小，也应关注位移梯度正负。位移梯度为正时，代表切向应变为正，反之表示切向应变为负。下文中，将用应变代替位移梯度进行描述。

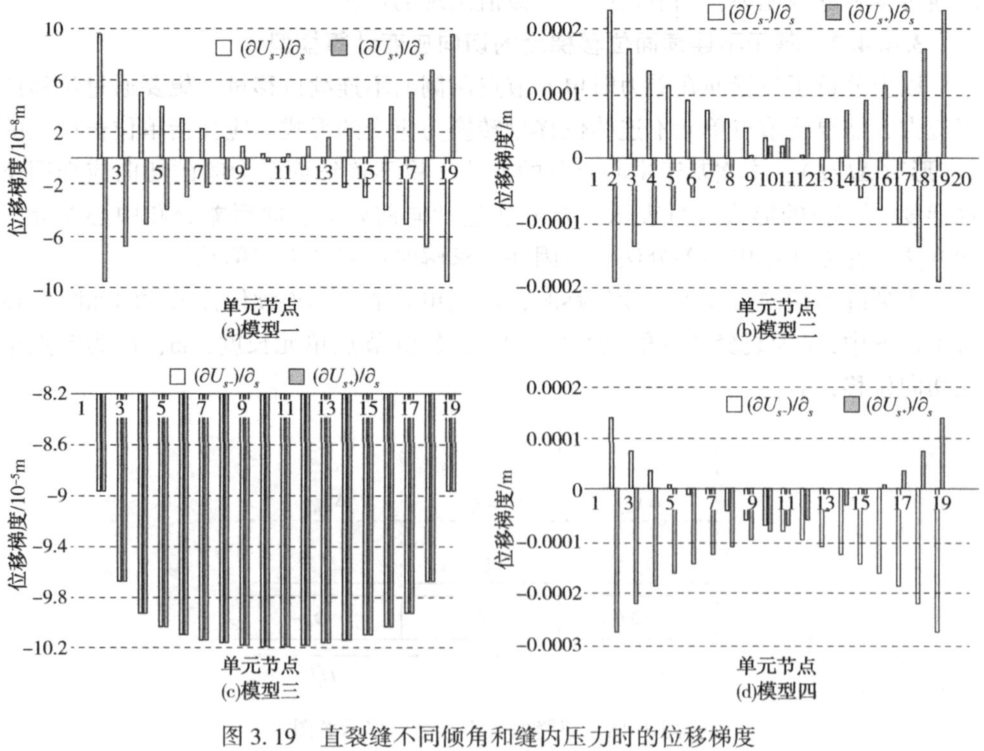

图3.19 直裂缝不同倾角和缝内压力时的位移梯度

模型一中，切向应变极大值的绝对值为 9.57×10^{-8}，分别位于裂缝两个尖端，裂缝中心点切向应变为零。对于裂缝面负向一侧，初始切向应变为正，随着节点增加，应变逐渐转负，在裂缝面负向一侧，裂缝在前半段 1~10 节点上受力后产生的切向应变为正，在第 11~20 节点上受力后产生的切向应变为负。

模型二中，其切向应变与模型一相似。不同点在于由于模型二的切向位移极值点发生了偏移，相应的切向应变的零值点也会随之偏移。该偏移会影响裂缝尖端附近切向应变的极值大小，但极值点依然位于裂缝两个尖端。以裂缝负向一侧为例，切向应变在裂缝尖端的两个极值分别为 2.29×10^{-4} 和 -1.85×10^{-4}。切向应变为正的单元数(11 个)大于切向应变为负的单元数(7 个)，本例裂缝面受切向力作用时，裂缝单元整体以正的切向应变为主导。

模型三中，切向应变极值点出现在裂缝中间位置，大小为 -1.02×10^{-4}，且裂缝面两侧切向应变均为负。切向应变向裂缝尖端位置逐渐减小。

模型四中，切向应变的变化规律和模型一及模型二类似。不同点在于，剪切应变为正的单元数(4 个)小于剪切应变为负的单元数(14 个)。可见裂缝面在受到缝内压力作用时，会整体拉低切向应变，使裂缝单元整体以负的切向应变为主导。裂缝尖端的两个切向应变极值分别为 1.40×10^{-4} 和 -2.74×10^{-4}。

综合观察图 3.19 可知，位移最大的位置切向应变值最小，反之位移极小的位置切向应变存在极大值。通过改变应力大小可以调整裂缝面切向应变的零值点的位置和裂缝两个尖端极值的大小。

3.4.4.3 裂缝切向应力计算模型

通过以上计算知，裂缝面膨胀或受切向应力作用时会产生切向位移，基于裂缝面各处切向位移计算得到的应变随切向位移不断变化，导致裂缝面在不同位置处受到的应力也各不相同。接下来将通过胡克定律建立裂缝面切向应变和应力之间的数学表达。本节以一条平行于 x 轴的裂缝开始讨论。

对于线性弹性体，应力分量和应变分量之间的关系由胡克定律可表示为：

$$\varepsilon_{xx}=\frac{1}{E}[\sigma_{xx}-\nu(\sigma_{yy}+\sigma_{zz})] \tag{3.25}$$

式中，σ_{xx} 为裂缝面切向正应力，MPa；σ_{yy} 为裂缝面法向正应力，MPa；σ_{zz} 为平面垂向地应力，MPa；ε_{xx} 为 x 方向应变。

在平面应变条件下，正应力 σ_{zz} 和 σ_{xx} 以及 σ_{yy} 之间存在如下关系：

$$\sigma_{zz}=\nu(\sigma_{xx}+\sigma_{yy}) \tag{3.26}$$

将公式(3.26)代入公式(3.25)，可得切向正应力 σ_{xx} 和平面应变 ε_{xx} 以及法向正应力 σ_{yy} 之间存在如下关系：

$$\sigma_{xx}=\frac{E}{1-\nu^2}\varepsilon_{xx}+\frac{\nu}{1-\nu}\sigma_{yy} \tag{3.27}$$

在第 2 章提到，裂缝面是不连续的，当裂缝面存在切向滑移时，裂缝面上的切向应力也是不连续的，存在不同的数值大小。此处用正负号表示两个裂缝面，负号代表在离散裂缝单元法线负向的面，正号代表单元法线正向的面。裂缝面切向应力可表示为：

$$\begin{cases}\sigma_{xx^+}=\dfrac{E}{1-\nu^2}\varepsilon_{xx}^+ +\dfrac{\nu}{1-\nu}\sigma_{yy}^+ \\ \sigma_{xx^-}=\dfrac{E}{1-\nu^2}\varepsilon_{xx}^- +\dfrac{\nu}{1-\nu}\sigma_{yy}^-\end{cases} \tag{3.28}$$

相同节点处，虽然裂缝两个不连续面之间的切向应力不等，但法向应力是相等的，即：$\sigma_{yy^+}=\sigma_{yy^-}=\sigma_{yy}$。简单起见，可将公式(3.28)合并为：

$$\sigma_{xx^\pm}=\frac{E}{1-\nu^2}\varepsilon_{xx^\pm}+\frac{\nu}{1-\nu}\sigma_{yy} \tag{3.29}$$

当裂缝不连续单元属于局部 $s-n$ 坐标系时，局部坐标系 $s-n$ 中裂缝单元的切应力分量可类似地按公式(3.29)的方法表述。具体如下：

$$\sigma_{s^\pm}=\frac{E}{1-\nu^2}\cdot\varepsilon_{ss^\pm}+\frac{\nu}{1-\nu}\cdot\sigma_n \tag{3.30}$$

在上节中建立了基于不连续面位移梯度的切向应变计算模型，公式(3.30)也可表示为：

$$\sigma_{s^\pm}=\frac{E}{1-\nu^2}\cdot\frac{\partial u_{s^\pm}}{\partial s}+\frac{\nu}{1-\nu}\cdot\sigma_n \tag{3.31}$$

同样地，对 4 个模型的单元不连续面上的切向应力进行模拟计算，模拟结果如图 3.20 所示。

模型一中，裂缝面两侧首尾切向应力对称(裂缝面负侧第一个节点受到应力和正侧最后一个节点受到的应力大小相等)。以裂缝面负向侧面为例：起始单元节点受切向拉应力，终点节点受切向压应力，裂缝面中心位置切向应力为零，该应力源于初始建模时裂缝面微小旋转。切向应力极值为±0.003MPa，出现在裂缝尖端，裂缝面平行于水平主应力方向时，切向力极小。

模型二中，裂缝面切向应力变化趋势与模型一相似。裂缝面两侧切向应力首尾对称分布，裂缝面负侧初始节点和裂缝面正侧末端节点切向应力一一对应，这主要是由裂缝面相对滑动导致的，对称轴线由模型一中的 x 轴上移到 1.24MPa。以裂缝面负向侧面为例：两个极值均出现在裂缝尖端附近，分别为 7.76MPa 和 -5.49MPa。此时切向应力已大于加载的水平主应力，这是应力集中的原因。

模型三中，由于裂缝面没有发生相对滑动，其切向应力主要是由压裂液注入后的裂缝面横向膨胀引起。两侧切向应力大小方向均相等，在裂缝中心点处切向力有极大值，为-4.93MPa。裂缝尖端附近切向应力有极小值，为-4.53MPa。可见，单纯通过裂缝膨胀很难在裂缝面上形成切向正应力。

模型四中，相对于模型二，该模型在缝内施加了缝内压力。裂缝面两侧切向应力对称分布，对称轴下移到-3.27MPa，可见裂缝面膨胀容易引起切向力转负。裂缝面负侧初始节点依次和裂缝面正侧末端节点切向应力一一对应，这主要是由裂缝面相对滑动导致的。以裂缝面负向侧面为例：两个极大值均出现在裂缝尖端，分别为3.23MPa和-10.03MPa。

本文应力为正代表节点受拉，应力为负代表节点受压。对比图3.19，裂缝面应变为正值时，受切向拉应力。反之应变为负值时，受切向压应力。

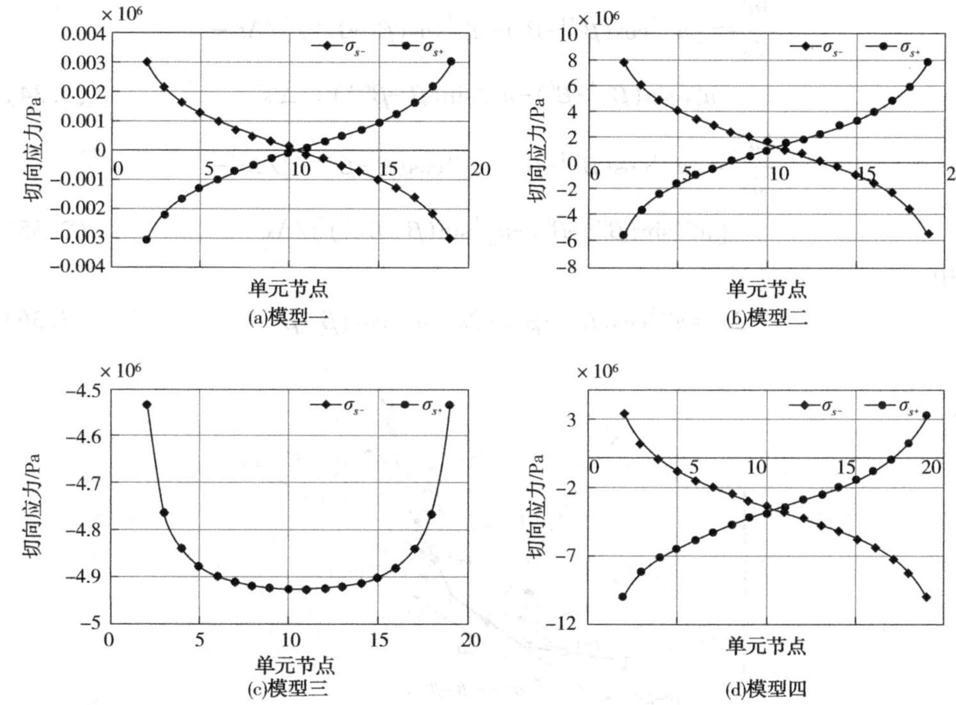

图3.20 直裂缝不同倾角和缝内压力时的切向应力

综上可得：裂缝面(裂隙面)发生相对滑动时，拉应力极值点和压应力极值点都出现在裂缝尖端附近，裂缝面(水力缝)膨胀时，压应力极大值点出现在裂缝中间，压应力极小值点出现在裂缝尖端位置。裂缝面的相对滑动利于在裂缝面形成局部切向拉应力，裂缝面膨胀倾向于形成切向压应力。切向应力正负变化对应于位移梯度的正负，切向应力值的大小受水平主应力、缝内压力和裂缝倾角控制。

上述建立了裂缝面切向应力计算模型，然而在水力压裂过程中，裂缝是随时都可能转向的，这也是造成水力裂缝面内分岔(非尖端分岔)的主要原因。此时位移梯度的计算也会由于单元偏转角度的不同而发生改变。如图 3.21 所示，以n^+代表的裂缝面正侧为例进行说明。由于第 $i+1$、第 i、第 $i-1$ 个单元的倾角不同，当计算第 i 个离散单元在n^+代表的裂缝面上的应变时，需要将三个单元的不连续位移放在s^i-n^i坐标系下。不连续位移具体计算公式如下：

$$(u_{s^+}^{i-1})_{s=s^i}=u_{s^+}^{i-1}\cos(\beta^i-\beta^{i-1})+u_{n^+}^{i-1}\sin(\beta^i-\beta^{i-1}) \tag{3.32}$$

$$(u_{s^+}^{i+1})_{s=s^i}=u_{s^+}^{i+1}\cos(\beta^{i+1}-\beta^i)-u_{n^+}^{i+1}\sin(\beta^{i+1}-\beta^i) \tag{3.33}$$

此时位移梯度可表示为如下形式：

$$\frac{\partial u_{s^+}^i}{\partial s}=[u_{s^+}^{i+1}\cos(\beta^{i+1}-\beta^i)-u_{s^+}^{i-1}\cos(\beta^i-\beta^{i-1})]/\Delta s^i-[u_{n^+}^{i+1}\sin(\beta^{i+1}-\beta^i)-u_{n^+}^{i-1}\sin(\beta^i-\beta^{i-1})]/\Delta s^i \tag{3.34}$$

$$\frac{\partial u_{s^-}^i}{\partial s}=[u_{s^-}^{i+1}\cos(\beta^{i+1}-\beta^i)-u_{s^-}^{i-1}\cos(\beta^i-\beta^{i-1})]/\Delta s^i-[u_{n^-}^{i+1}\sin(\beta^{i+1}-\beta^i)-u_{n^-}^{i-1}\sin(\beta^i-\beta^{i-1})]/\Delta s^i \tag{3.35}$$

式中，

$$\Delta s^i=a^{i+1}\cos(\beta^{i+1}-\beta^i)+2a^i+a^{i-1}\cos(\beta^i-\beta^{i-1}) \tag{3.36}$$

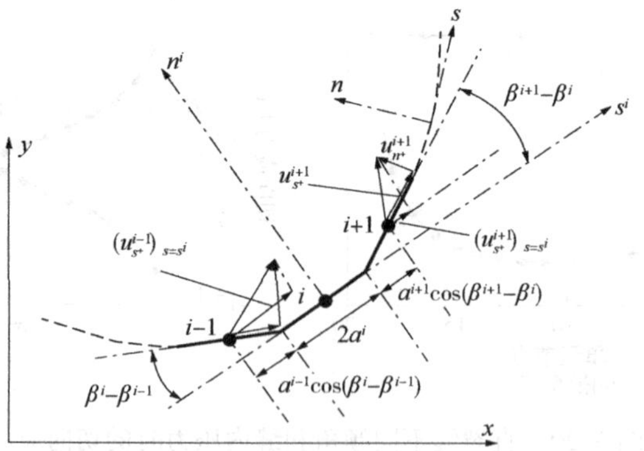

图 3.21 水力裂缝转向时位移梯度示意图

3.4.4.4 分支裂缝起裂判别

当裂缝面处的拉张应力大于岩石抗拉强度时，裂缝面受拉破坏并产生拉张裂缝。裂缝两个不连续面发生拉张破坏时的临界判别准则可表示为：

$$T_{\max}=\frac{\sigma_{s\pm}+\sigma_{n}}{2}+\sqrt{\frac{(\sigma_{s\pm}-\sigma_{n})^{2}}{4}+\sigma_{sn}^{2}} \tag{3.37}$$

式中，$T_{\max}$为裂缝受到的最大拉应力，Pa；σ_n为裂缝面受到的正应力分量，Pa；σ_{sn}为裂缝面受到的剪应力分量，Pa；$\sigma_{s\pm}$为裂缝面两侧的切向应力分量，Pa。

同样以上述4个模型为例进行模拟计算，模拟结果如图3.22所示。最大拉应力大小可用来判断裂缝面是否发生破裂，其与切向应力大小相近。对比图3.22(a)和图3.22(b)，当裂缝平行于主应力方向时，地应力不能使裂缝面产生相对滑移趋势，几乎不能在裂缝面形成拉张破坏点。当裂缝与地应力存在一定夹角时，地应力作用下裂缝面产生切向位移，对裂缝面形成拉张破坏点具有促进作用；对比图3.22(b)和图3.22(d)，当缝内没有流体作用时，裂缝尖端附近最大拉应力达到8.5MPa，当缝内有流体作用时，裂缝尖端附近最大拉应力降低到4MPa，可见通过增加缝内压力可降低裂缝面分岔风险，对比图3.22(a)和图3.22(c)也可得到同样结论。同时综合以下4幅图可知，裂缝面剪切滑移时，应力极值点往往处于裂缝尖端附近，可见直裂缝不易在裂缝中间部位发生拉张破坏。

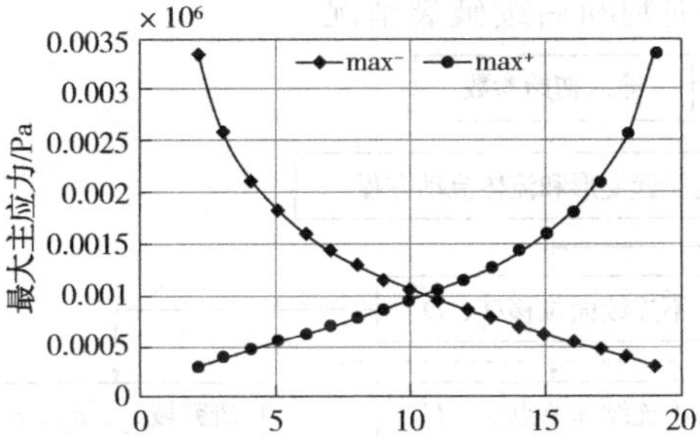

(a)模型一

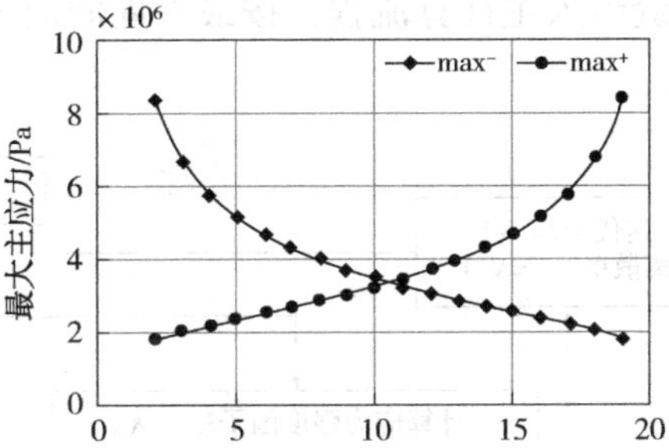

(b)模型二

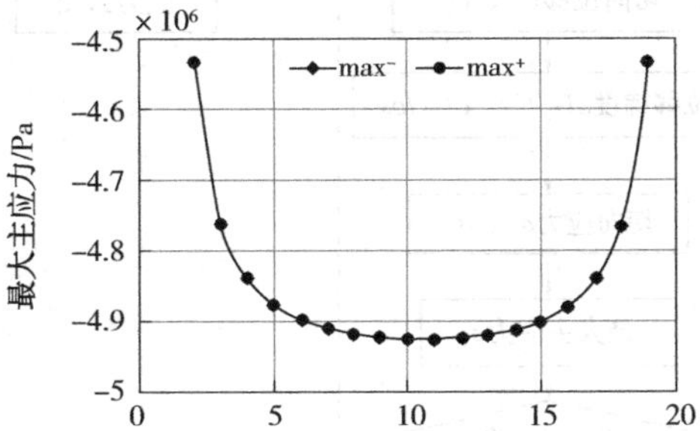

(c)模型三

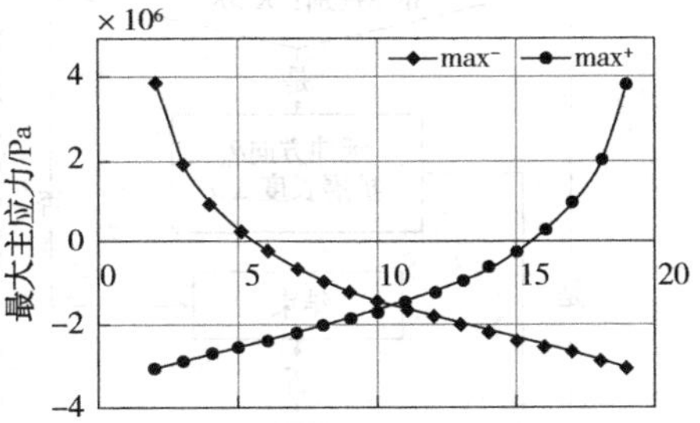

(d)模型四

图3.22　直裂缝不同倾角和缝内压力时的裂缝面上最大主应力

若节点最大拉应力大于抗拉强度，则节点开裂：

$$T_{max} > T_0 \tag{3.38}$$

式中，T_0 为裂缝面抗拉强度，Pa。

分支裂缝起裂方向垂直于最大拉应力方向，可表示为：

$$\theta_1 = \arctan\left[\frac{2\sigma_{sn}}{(\sigma_{s\pm} - \sigma_n)}\right]/2 + \frac{\pi}{2} \tag{3.39}$$

3.4.5 计算流程图

图 3.23 为裂缝面分岔和尖端扩展计算流程图。其中，主流程中从 K_n 到 D_n 的计算在第 4 章详细讨论，这里主要体现上文提到的裂缝分岔的计算过程，即图中虚线框中内容：(1)通过主流程得到的 D_n、D_s 计算水力裂缝不连续单元节点上的位移分量 U_x、U_y；(2)通过坐标变换求解单元节点上两个不连续面的切向位移 U_{s+}、U_{s-}；(3)基于中心差分的方法分别计算两个不连续面的位移梯度；(4)通过胡克定律计算裂缝两个不连续面之间的切向应力，进而得到节点受到的最大主应力；(5)判断裂缝面是否发生拉张破坏，并计算损伤角度；(6)将新生成的分支裂缝纳入主计算流程，按最大周向应力准则判断后续破裂情况。

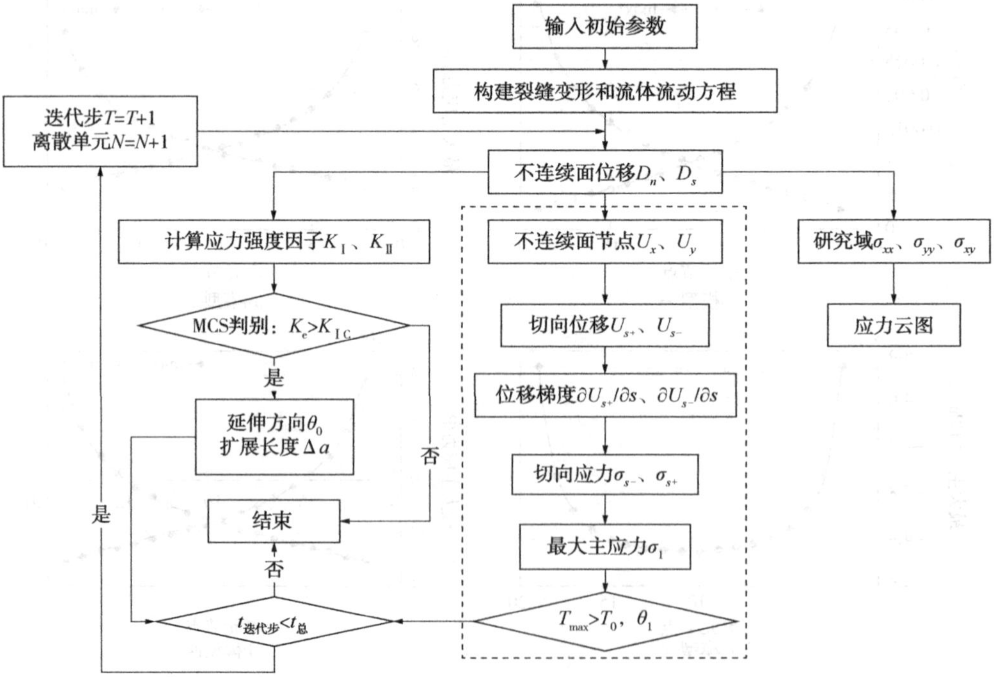

图 3.23　裂缝面分岔和尖端扩展计算流程图

3.5 含裂隙岩体单轴压缩数值模拟

储层裂缝相互作用的本质是由于储层中某一条或某些不连续面的失稳变形，导致其周围局部有效应力场发生扰动，继而影响了其他不连续面的稳定性。而其他不连续面的失稳破坏又反过来影响前述不连续面的变形和破坏。可见在裂缝的相互作用过程中，应力场的扰动在其中起着桥梁作用。因此，在研究裂缝面相互作用机理之前，有必要讨论应力动态变化时裂隙面的失稳过程。目前针对单轴压缩下裂隙的剪切滑移破坏已有较多物理模拟实验，本节在分析裂隙面失稳扩展的同时，与已有物理实验结果进行比对，验证理论和计算模型的正确性。

3.5.1 裂隙面翼形裂缝形态

为研究单裂隙在应力扰动情况下翼形裂缝的形成，本节以含中心穿透裂纹的树脂材料为例，进行单轴压缩模拟，并将模拟得到的裂隙扩展形态与实验结果进行对比。选用树脂是为了规避常规岩心实验中由于岩石样品非均质造成的计算误差，图 3.24 给出了含单裂隙和共线裂隙材料受压时的裂隙扩展形态。由图可知，不论是针对单裂隙还是多裂隙，对于均质材料，往往只有翼形裂缝的产生，这些翼形裂缝以近似垂直于原始裂隙面的方向起裂，最终转向最大主应力方向，起裂点位于裂隙尖端附近，本计算模型均能与实验结果达到较好匹配。

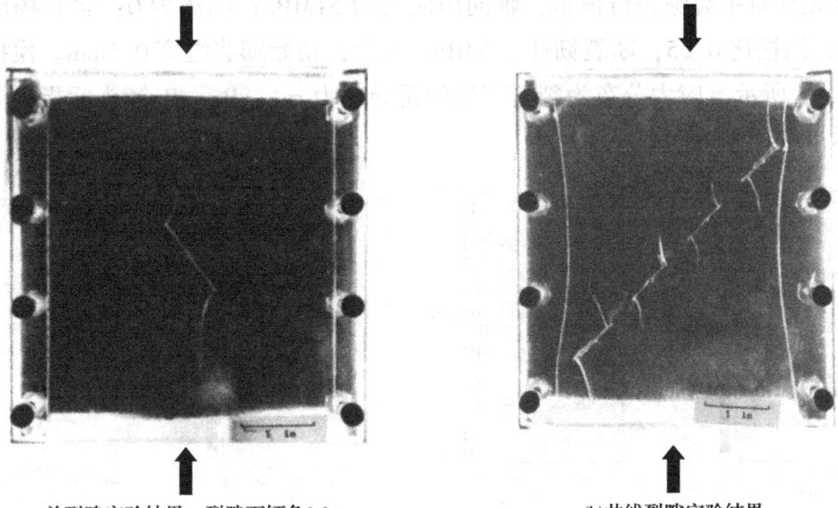

(a)单裂隙实验结果，裂隙面倾角0.2π
(据Nemat-Nasser S，1982)

(b)共线裂隙实验结果
(据Nemat-Nasser S，1982)

图 3.24 含裂隙材料单轴受压时的裂隙扩展形态

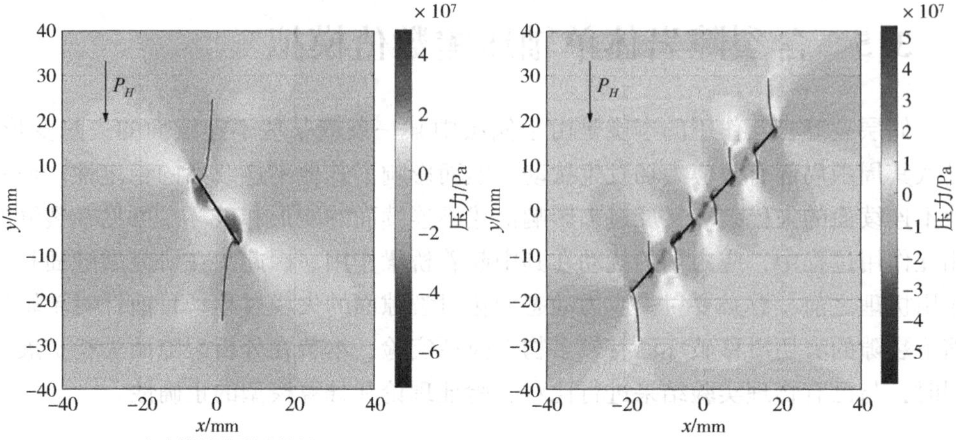

(c)本文模拟单裂隙扩展　　(d)本文模拟共线裂隙扩展

图 3. 24　含裂隙材料单轴受压时的裂隙扩展形态(续)

3. 5. 2　裂隙面分支裂缝形态

以上针对均匀材料受压时裂隙的扩展情况进行模拟。其中，由于裂隙剪切滑移时裂隙面较为平整，不容易产生膨胀缝宽，因此不易形成次生裂缝。本节，针对非均质性相对较强的砂岩岩石进行单轴压缩模拟。

3. 5. 2. 1　单裂隙

首先针对单裂隙进行模拟，轴向压应力为 51MPa；围压为 0；岩石杨氏模量 30GPa；泊松比 0. 25；断裂韧性 2. 5MPa · $m^{1/2}$；初始膨胀缝宽 0. 5mm。模拟结果如图 3. 25 所示，应力分布为裂缝产生的诱导应力 σ_{xx}，Pa；P_H箭头所指方向在此处表示单轴压缩方向。

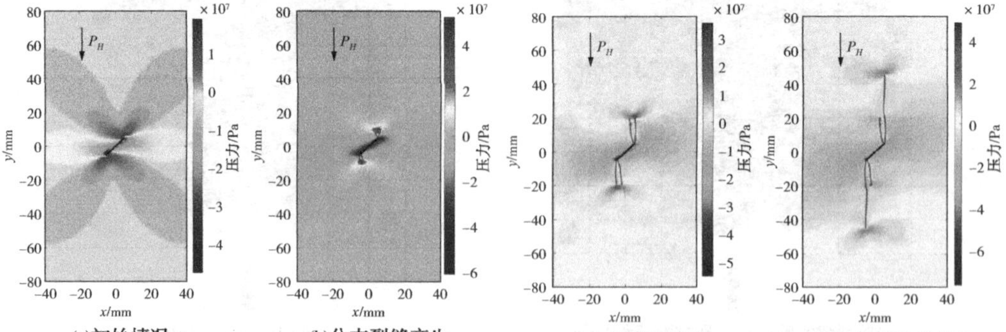

(a)初始情况　　(b)分支裂缝产生　　(c)分支裂缝扩展　　(d)次生裂缝优势扩展

图 3. 25　单裂隙岩体单轴压缩裂缝扩展过程

由图可知，裂隙单轴受压时，不仅会在裂隙面上产生拉张破坏，形成翼形裂缝。同时由于裂缝面剪切膨胀，其膨胀缝宽会在裂隙尖端产生应力集中，使裂隙尖端产生次生裂缝。翼形裂缝在扩展一段时间后停止，但次生裂缝持续扩展，可预见次生裂缝是试件破坏的主要原因。对比图 3. 14(a)和图 3. 25(d)裂缝分岔和扩展形态，数值模拟结果和物理实验结果能够较好匹配。可见，当岩石中裂缝发生剪切滑移时，滑移形成的膨胀缝宽是裂隙尖端起裂的重要因素。

3. 5. 2. 2 双裂隙

储层中通常是多裂隙共存的，为了研究多裂隙之间的沟通，针对双裂隙进行单轴压缩数值模拟。图 3. 26 为不同时间迭代步时的裂隙扩展和相互沟通情况，图中应力分布为裂缝产生的诱导应力 σ_{xx}，单位 Pa。由图可知，在初始时刻，两裂隙在轴向压应力作用下在裂缝面尖端均产生应力集中，这种应力集中导致裂缝尖端附近翼形裂缝和尖端次生裂缝的产生。随着裂隙扩展，裂隙内侧尖端相互沟通，外侧尖端持续向外扩展。

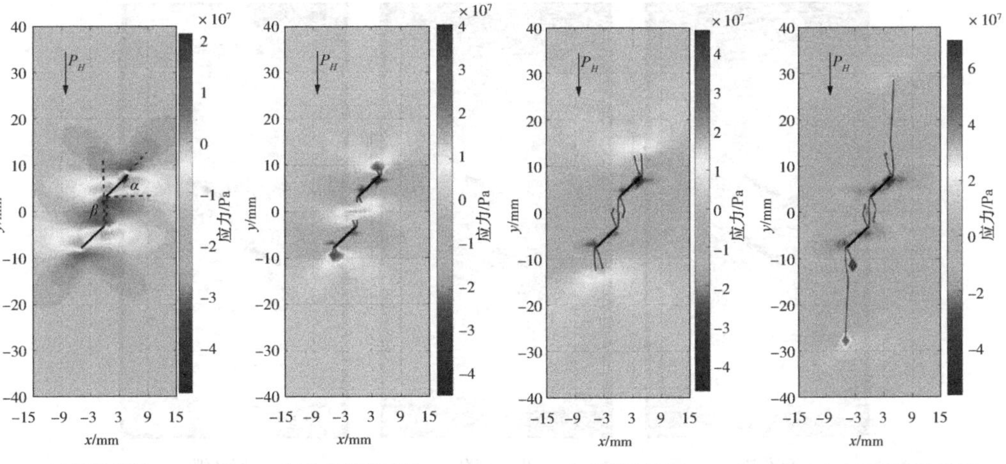

图 3. 26 双裂隙岩体单轴压缩裂隙形成及应力分布(σ_{xx})

不同的裂隙空间分布情况会产生不同的相交形态，为此分别模拟双裂隙在不同岩桥夹角 β(60°、90°、120°)时的形态，裂隙倾角 α 保持 45°，并将数值模拟结果(图 3. 27)与物理实验结果(图 3. 28)进行对比。由图可知，不同岩桥夹角下，裂隙之间会产生不同的连通形式，模拟结果与实验结果比较吻合。

通过对比以上数值模拟和物理实验结果，验证了裂缝面分岔建模过程和模型计算的正确性。

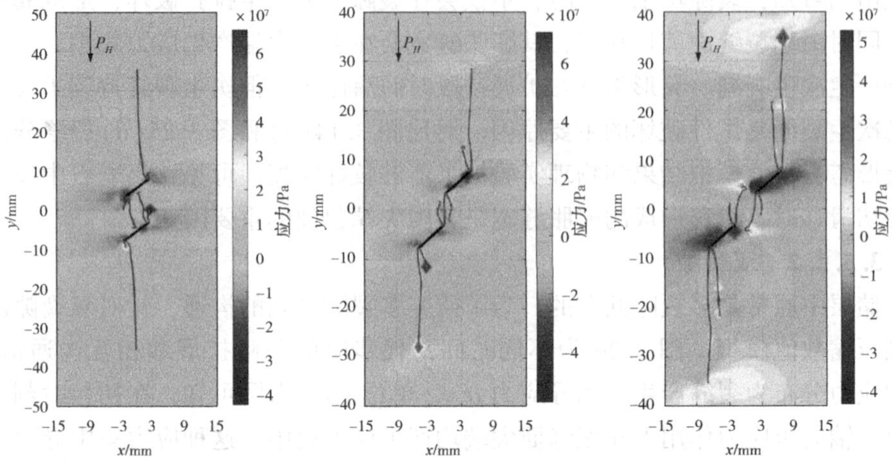

(a)β为120°　(b)β为90°　(c)β为60°

图 3.27　双裂隙砂岩单轴压缩裂隙形态及应力分布(σ_{xx})模拟结果

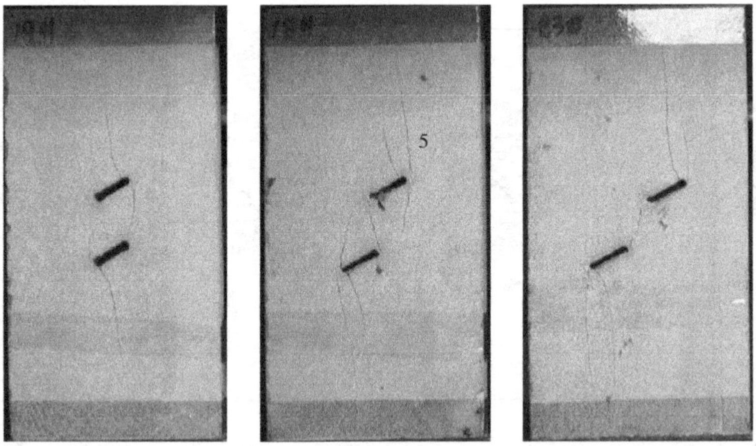

(a)β为120°　(b)β为90°　(c)β为60°

图 3.28　双裂隙砂岩单轴压缩实验结果(据 Yang S Q 等，2016)

3.6　水力裂缝面分岔机理

3.6.1　水力裂缝壁面分岔机制

通过对 3.3 小节裂缝壁面切向位移、位移梯度、应力分量及最大主应力分析可知：对于直的裂缝，一旦裂缝壁面存在相对滑移，其位移梯度或切向应力会迅速向裂缝尖端附近叠加，导致在裂缝尖端附近出现拉应力极值。这便是裂缝尖端形成拉张破裂的原因，但本节重点研究裂缝段内两侧壁面的损伤分岔机制，显然直裂缝并不满足在裂缝段内部产生分支裂缝。本小节主要是通过数值模拟，展示斜水力裂缝转向扩展时壁面损伤、分支裂缝形态和诱导应力场动态变化，模拟参数如表 3. 3 所示，模拟结果如图 3. 29~图 3. 31 所示。

表 3. 3 水力裂缝分岔模拟基本参数

参数	数值	参数	数值
杨氏模量/GPa	30	最小水平主应力/MPa	35
泊松比	0. 25	缝内压力/MPa	45
最大水平主应力/MPa	40	断裂韧性/MPa · $m^{1/2}$	2. 5
射孔角/(°)	89. 9		

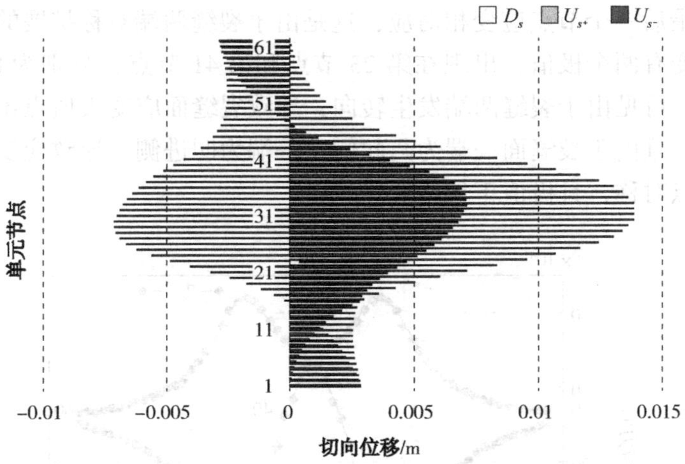

图 3. 29 水力裂缝转向时裂缝面切向位移分量

由图 3. 29 可知，相同节点上两个裂缝面上的切向位移首尾对称分布，切向相对位移量 D_s 在裂缝中心位置最大，为 0. 013873m。两侧面切向位移分量 U_{s+} 和 U_{s-} 在裂缝中心位置附近出现极值。以 U_{s-} 一侧裂缝面为例，主要以正向位移为主，只有在裂缝末端 1/4 节点上位移转负，这是由于在靠近裂缝末端时，裂缝近似沿最大水平主应力方向，此时由于地应力作用在裂缝面上的切向应力分量极小，裂缝切向位移主要受裂缝膨胀后的泊松变形影响。裂缝面负侧位移 U_{s-} 在裂缝两个尖端有极值，分别为 0. 007mm 和-0. 00285mm。

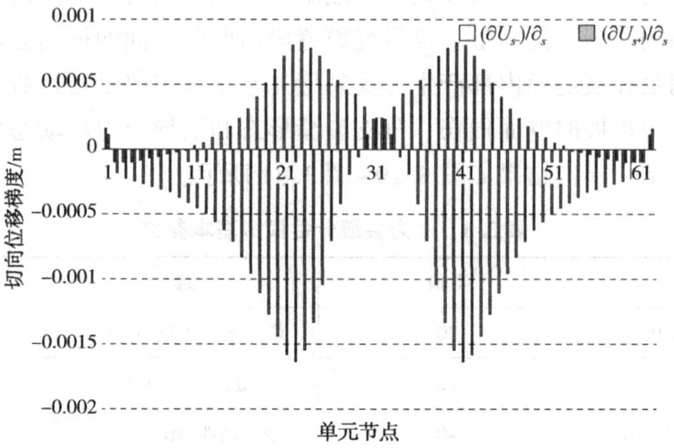

图 3.30　水力裂缝转向时裂缝面位移梯度

由图 3.30 可知，裂缝两侧不连续面应变是首尾对称的，即 s^+ 侧第一个节点应变与 s^- 侧最后一个节点应变相对应，这是由于裂缝两端对称扩展的原因。以 s^- 侧为例，应变有两个极值，出现在第 23 节点和第 41 节点，分别为 8.14×10^{-4} 和 -1.64×10^{-4}，可见由于裂缝两端发生转向，导致裂缝面应变极值点出现在裂缝面内部节点上，且由于裂缝面一端为凸起侧，一端为凹进侧，导致应变极值点并不以裂缝中心点对称，且极值正负相反。

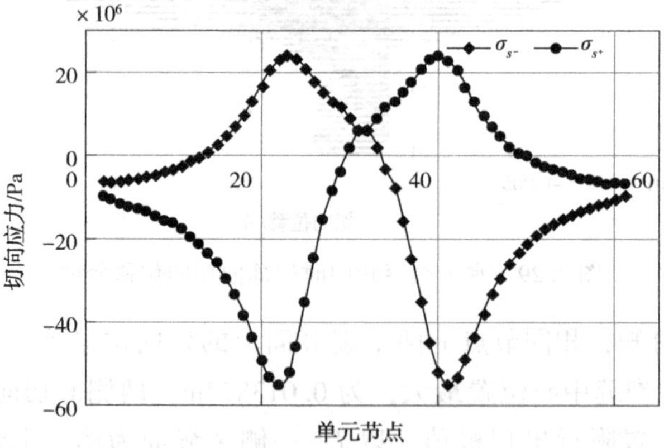

图 3.31　水力裂缝转向时裂缝面切向应力分量

由图 3.31 可知，裂缝面切向应力的变化趋势和应变的变化趋势(图 3.30)相一致，该变化规律可通过公式(3.27)进行解释，其中任一节点上的杨氏模量、泊松比及 σ_n 都有确定值，因此针对固定节点，切向应力和应变的变化趋势一致。以 s^- 侧为例，切向应力有两个极值 23.92MPa 和−54.91MPa。

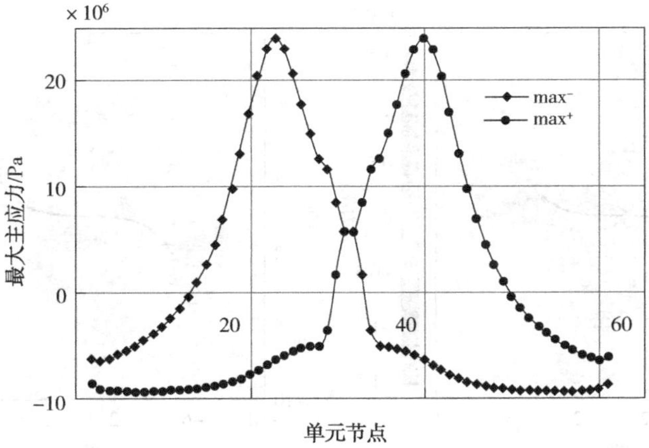

图 3.32 水力裂缝转向时裂缝面上的最大主应力

由图 3.32 可知，每个裂缝面拉应力都会出现一个极大值，大小为 24.09MPa。当该值大于岩石抗拉强度时，裂缝面会在该极值对应的节点上发生拉张损伤。

水力裂缝分岔轨迹形态和诱导应力分布如图 3.33(a)~(d)所示。图中应力分布为由水力裂缝产生的诱导应力场变化，单位 Pa；垂向 y 方向为最大水平主应力方向。

由图 3.33(a)可知水力裂缝在扩展过程中趋向于向最大主应力方向偏转，此时裂缝面上并未产生分岔点；从图 3.33(b)看出，在水力裂缝尖端扩展 6.5m 后，水力裂缝转向位置凹面发生拉张破坏，有分支裂缝产生；从图 3.33(c)看出，分支裂缝向外扩展时，并没有严格地沿最大水平主应力方向扩展，这是由于水力主裂缝产生的诱导应力改变了局部地应力方向。

对比水力裂缝和天然裂隙的分岔起裂点可以发现：(1)两者共同点在于起裂点所在位置均位于裂缝上半部分的上侧面和下半部分的下侧面。这主要是由于地应力作用于裂缝面上时产生的不连续位移导致。(2)两者不同点在于天然裂缝的分岔点在初始裂缝尖端附近，水力裂缝的首次分岔出现位置距离裂缝尖端较远。这是由于水力裂缝内流体压力对裂缝面产生切向应力在裂缝中心点处最大，尖端最小。而地应力恰恰相反，由此导致两方面因素中和后分岔点向裂缝内部移动。

由于缝内压力在裂缝面上产生的切向应力与水平主应力在裂缝产生的切向应力正负相反，导致水力裂缝相对于天然裂缝更不容易发生分岔。

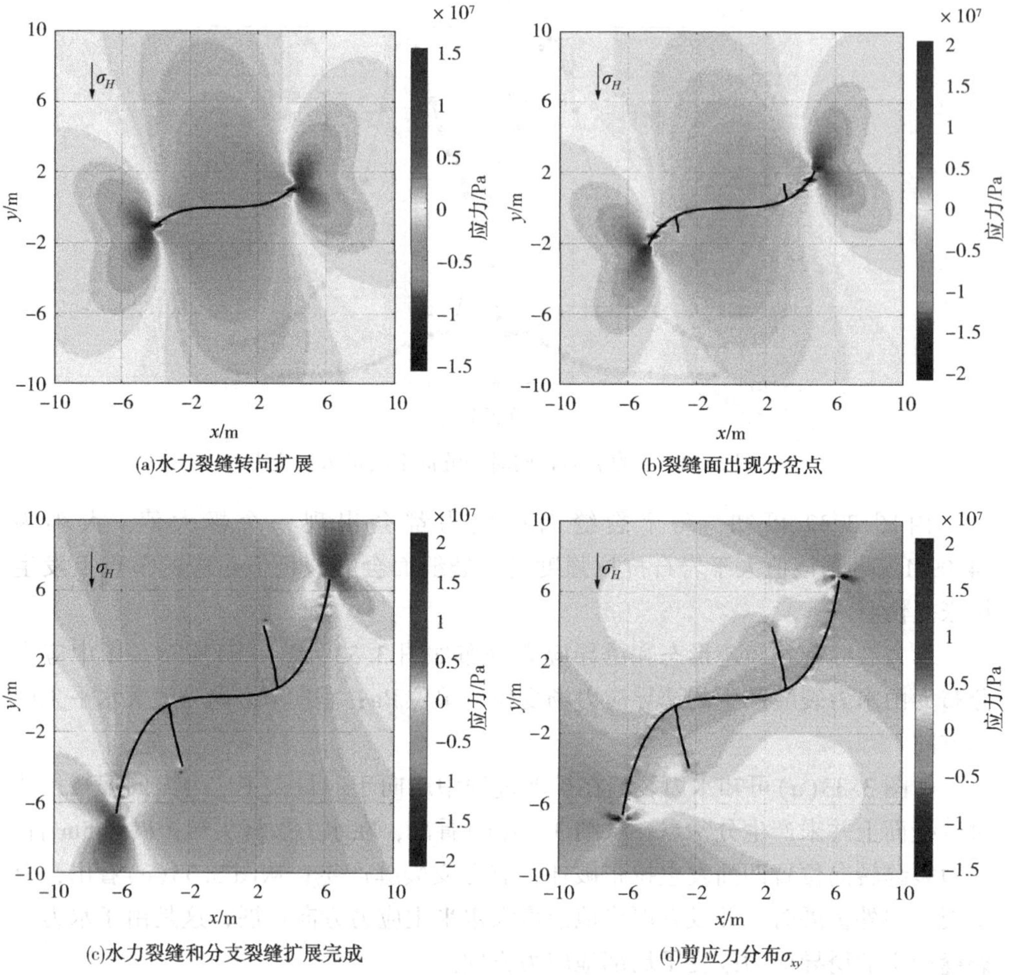

图 3.33　分支裂缝形成及应力分布 σ_{xx}

3.6.2　缝内压力对水力裂缝分岔影响

下面将进行水力裂缝分岔敏感性分析，首先是水力裂缝缝内压力，在保持表 3.3其他参数不变前提下，分别变化缝内压力为 43MPa、46MPa、49MPa，模拟水力裂缝转向扩展过程中的分岔情况，模拟结果如图 3.34 所示。图 3.34(a)～(c)为水力裂缝扩展时不同缝内压力产生的诱导应力 σ_{xx}分布。由图可知，随着缝内压力减小，水力主裂缝越来越容易发生转向。而裂缝分岔位置也越来越靠近初始裂缝尖端，越来越远离当前裂缝尖端。由此可知，当缝内压力降为零时，水力裂缝退化为天然裂缝，水力压裂问题退化为裂隙岩体三轴受压问题，分支裂缝起裂点也会回归到初始裂隙尖端附近。随着缝内压力减小，起裂点越来越远离当前裂缝尖端的原因在于：缝内压力越小，主水力裂缝越容易弯曲，水平主应力越容易作用在裂缝面产生拉张破坏。由图 3.34(d)中 P_f = 49MPa 时的曲线可知，当缝内压力大到一定程度后，分支裂缝可改变水力主裂缝的转向趋势。

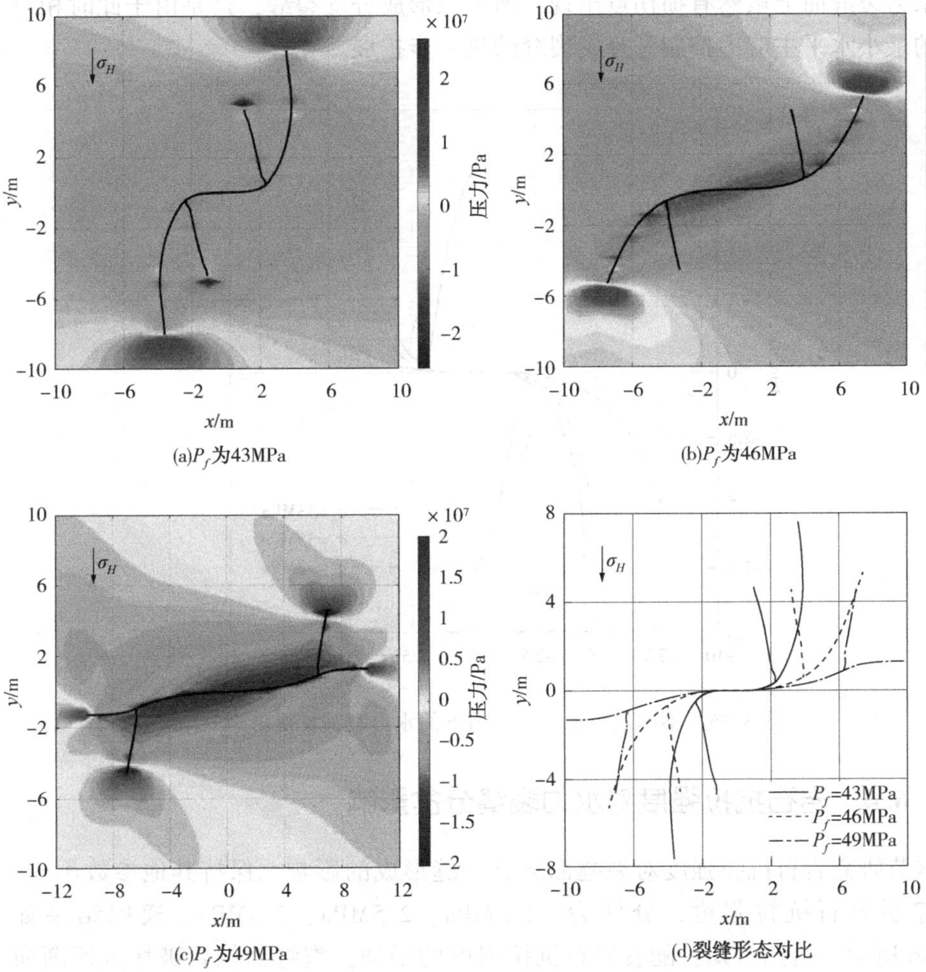

(a) P_f 为43MPa　(b) P_f 为46MPa

(c) P_f 为49MPa　(d)裂缝形态对比

图 3.34　不同缝内压力时分支水力裂缝形态及应力分布 σ_{xx}

3.6.3　储层最小水平主应力对水力裂缝分岔影响

本节研究储层最小水平主应力对水力裂缝分岔的影响。保持表 3.3 其他参数不变，改变最小水平主应力，分别为 33MPa、35MPa、37MPa，模拟结果如图 3.35所示。由图可知，随着最小水平主应力的增大，水平主应力差逐渐减小，水力主裂缝转向越来越平缓，而分岔点也越来越靠近水力主裂缝尖端。这主要是由于水力主裂缝转向相对较平缓时，水平主应力作用于裂缝面上产生的切向应力不足以使裂缝面产生拉张破坏，因此起裂点位置会趋向更加倾斜的裂缝尖端，也可以认为水平主应力差越小，水力裂缝面起裂点越靠后。同时看出 σ_h 为 37MPa 时，水力裂缝面上虽然有损伤点出现，但并未形成分支裂缝，这是由于此时相对较大的最小水平主应力抑制了分支裂缝的进一步扩展。

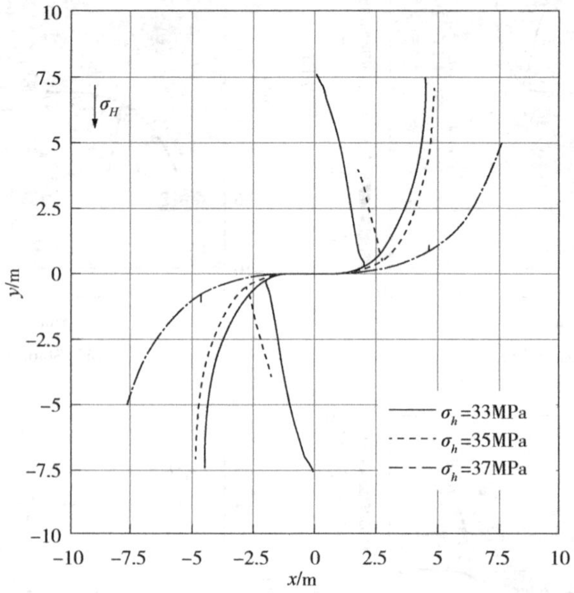

图 3.35　不同最小水平主应力下的水力裂缝扩展形态

3.6.4　岩石抗拉强度对水力裂缝分岔影响

本节研究岩石抗拉强度对裂缝面分支裂缝形成的影响。保持其他参数不变，变化储层岩石抗拉强度，分别为：1.5MPa、2.5MPa、3.5MPa。模拟结果如图 3.36 所示。由图可知：随着岩石抗拉强度的增加，裂缝面拉张破坏点逐渐向后移动，这主要是因为越靠近裂缝后半段倾斜部分，裂缝面上受到的拉张力越大，越容易开裂。本案例中当射孔角与主应力夹角近似 90°，且抗拉强度较小时，分支裂缝的扩展对水力主裂缝轨迹产生了较大影响。这是由于抗拉强度越小，开裂点越靠近裂缝尖端，过早的分岔导致分支裂缝具有较好的扩展条件，其形成的诱导应力改变了局部应力场方向，导致水力主裂缝并未按既定轨迹扩展。

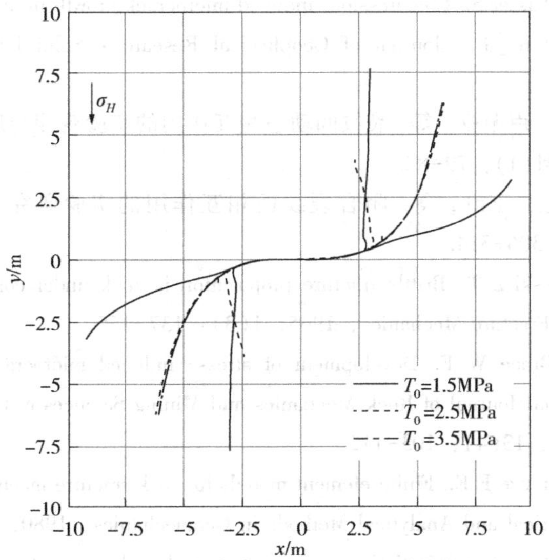

图 3.36 不同岩石抗拉强度下的水力裂缝扩展形态

参 考 文 献

[1] Zhou D S, Zheng P, He P, et al. Hydraulic fracture propagation direction during volume fracturing in unconventional reservoirs[J]. Journal of Petroleum Science and Engineering, 2016, 141: 82-89.

[2] Griffith A A. The phenomena of rupture and flow in solids[J]. Philosophical Transactions of the Royal Society of London. Series A, Containing Papers of A Mathematical or Physical Character, 1921, 221(582-593): 163-198.

[3] Dyskin A V, Sahouryeh E, Jewell R J, et al. Influence of shape and locations of initial 3-D cracks on their growth in uniaxial compression[J]. Engineering Fracture Mechanics, 2003, 70(15): 2115-2136.

[4] Wong L N Y, Einstein H H. Systematic evaluation of cracking behavior in specimens containing single flaws under uniaxial compression[J]. International Journal of Rock Mechanics and Mining Sciences, 2009, 46(2): 239-249.

[5] 谢雨霖，李小双，耿加波，等. 不同形态下红砂岩力学特性和裂纹断裂特征研究[J]. 矿业研究与开发，2022. 42(6): 119-125.

[6] Bobet A, Einstein H H. Fracture coalescence in rock-type materials under uniaxial and biaxial compression[J]. International Journal of Rock Mechanics and Mining Sciences, 1998, 35(7): 863-888.

[7] Wong R H C, Chau K T. Crack coalescence in a rock-like material containing two cracks[J]. International Journal of Rock Mechanics and Mining Sciences, 1998, 35(2): 147-164.

[8] Horii H, Nemat-Nasser S. Compression-induced microcrack growth in brittle solids: Axial splitting and shear failure[J]. Journal of Geophysical Research: Solid Earth, 1985, 90(B4): 3105-3125.
[9] 李世愚, 滕春凯, 卢振业, 等. 裂纹间动态相互作用的实验观测与理论分析[J]. 地球物理学报, 1998, 41(1): 79-88.
[10] 尹祥础, 李世愚, 李红, 等. 闭合裂纹面相互作用的实验研究[J]. 地球物理学报, 1988, 31(03): 306-314.
[11] Hoek E, Bieniawski Z T. Brittle fracture propagation in rock under compression[J]. International Journal of Fracture Mechanics, 1965, 1(3): 137-155.
[12] Tapponnier P, Brace W F. Development of stress-induced microcracks in Westerly granite [C]//International Journal of Rock Mechanics and Mining Sciences & Geomechanics Abstracts. Pergamon, 1976, 13(4): 103-112.
[13] Ingraffea A R, Heuze F E. Finite element models for rock fracture mechanics[J]. International Journal for Numerical and Analytical Methods in Geomechanics, 1980, 4(1): 25-43.
[14] Park C H, Bobet A. Crack initiation, propagation and coalescence from frictional flaws in uniaxial compression[J]. Engineering Fracture Mechanics, 2010, 77(14): 2727-2748.
[15] Indraratna B, Haque A, Aziz N. Shear behaviour of idealized infilled joints under constant normal stiffness[J]. Geotechnique, 1999, 49(3): 331-355.
[16] Nemat-Nasser S, Horii H. Compression-induced nonplanar crack extension with application to splitting, exfoliation, and rockburst[J]. Journal of Geophysical Research: Solid Earth, 1982. 87(B8): 6805-6821.
[17] Yang S Q, Tian W L, Huang Y H, et al. An experimental and numerical study on cracking behavior of brittle sandstone containing two non-coplanar fissures under uniaxial compression[J]. Rock Mechanics and Rock Engineering, 2016, 49(4): 1497-1515.

第 4 章 储层实地应力场变化对裂缝扩展轨迹影响

第 3 章研究了单条水力裂缝的转向和分岔机理，对水力压裂过程中裂缝轨迹的调控具有重要意义。然而，在实际水力压裂过程中，通常是单井多簇压裂，或是多水平井同时进行压裂施工的，这导致压裂施工中的局部地应力场在不断变化，不同的压裂方式及工艺往往会产生不同的裂缝形态，从而影响压裂效果。如图 4.1 所示，多裂缝扩展时，由局部地应力场变化引起的裂缝起裂及扩展问题、井间裂缝干扰及连通问题、井间压裂冲击引起的套管损伤问题等，都会影响最终的压裂效果。

为研究由水力裂缝扩展引起局部地应力变化对水力裂缝扩展轨迹的影响，本章建立多水力裂缝同时压裂和次序压裂的裂缝扩展计算模型，并基于该模型进行多井多裂缝间相互作用机理研究。相比以往基于边界元法的裂缝扩展计算模型，本章模型可模拟大规模水力压裂造成局部应力场改变后的水力裂缝扩展行为。

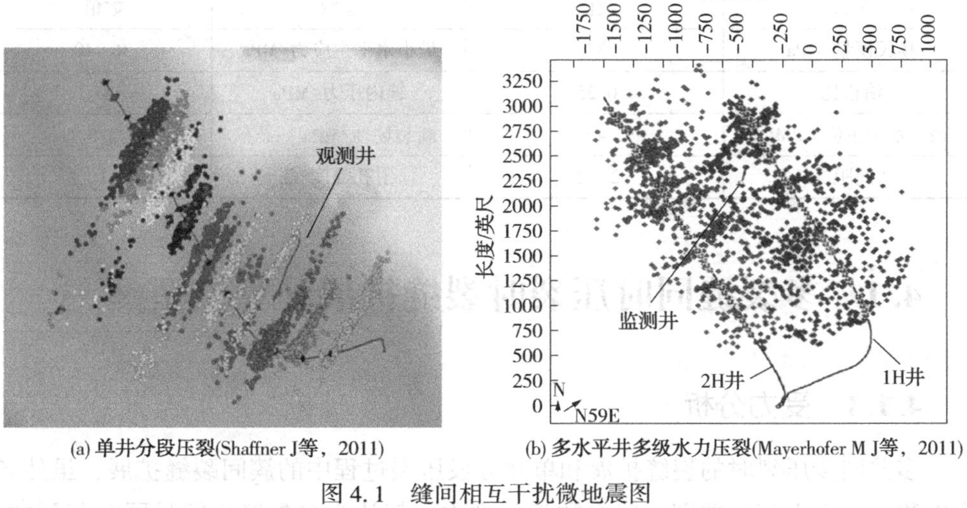

(a) 单井分段压裂(Shaffner J等，2011)　　(b) 多水平井多级水力压裂(Mayerhofer M J等，2011)

图 4.1　缝间相互干扰微地震图

本章数值模拟过程中的物理模型如图 4.2 所示。其中：d_1表示射孔深度，m；d_2表示单井压裂段间距，m；d_3表示射孔簇间距，m；d_4表示水平井间距，m；d_5表示邻井裂缝横向缝间距，m；d_6表示压裂段间距，m；σ_H表示最大水平主应力方向，字母 A、B、C、D 分别代表裂缝 1 和裂缝 2 的尖端。图 4.2(a)适用分段多簇压裂，水平井下分割器分段压裂，每段内裂缝同时进行压裂。图 4.2(b)适用于多水平井压裂。同步压裂时，对水平井 1 和水平井 2 上裂缝同时进行压裂；拉链式压裂时，假设每段只有一簇，每簇压裂后形成一条水力主裂缝，先完成水平井 1 中裂缝 1 的压裂，当裂缝达到预计长度后停止注液并关井，进行水平井 2 中裂缝 2 的压裂，以此类推。本章在数值模拟过程中采用的基本参数如表 4.1 所示。

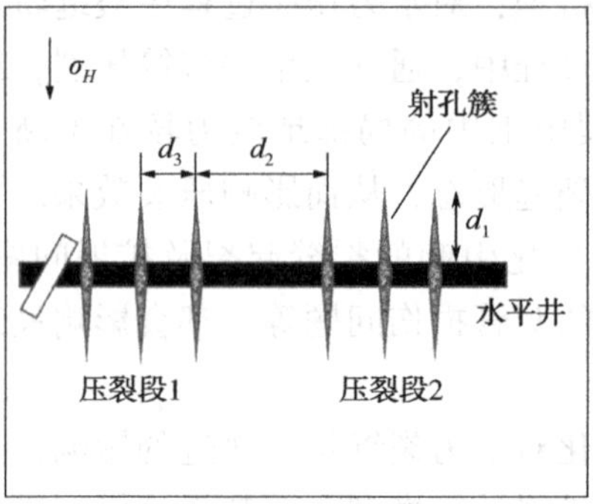

(a) 分段多簇压裂

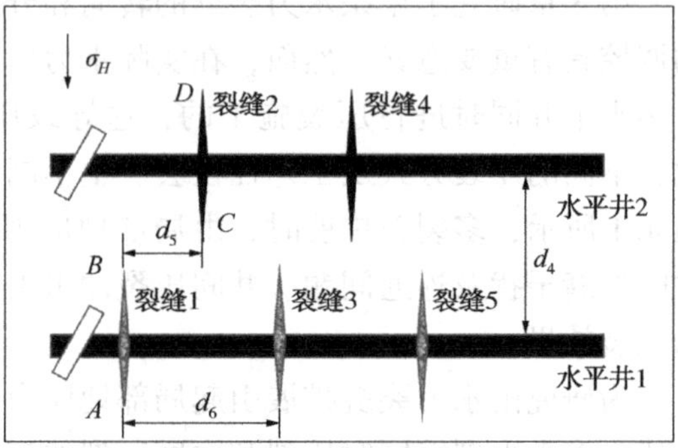

(b) 多水平井压裂

图 4.2　水力压裂布缝位置示意图

表 4.1　多井多裂缝压裂模拟基本参数

参数	数值	参数	数值
杨氏模量/GPa	30	最小水平主应力/MPa	36~40
泊松比	0.25	缝内压力/MPa	43
最大水平主应力/MPa	40	断裂韧性/MPa · $m^{1/2}$	2.5
簇间距/m	2~15	射孔深度/m	1

4.1　多裂缝同时压裂时裂缝扩展计算模型

4.1.1　受力分析

多井同步压裂时的裂缝扩展和单井分段压裂过程中的簇间裂缝扩展，虽然各自在物理模型上有所差别，但在数学模型中，都认为多裂缝之间是同时起裂的，可以纳入同一个系数矩阵中进行统一求解。但多裂缝扩展过程中，由于储层非均质性和裂缝间诱导应力的作用，某些扩展能力较弱的水力裂缝在扩展一段时间后会有停止扩展的可能。如：多井同步压裂中，若各水平井注液排量不同，会导致压裂时的水力裂缝缝内压力不相等，缝内压力较低时裂缝扩展能力较弱。压裂过程中这些不具扩展优势的裂缝的裂缝面受力可能相应地会由受拉张开转变为受压收缩，但缝内存在的支撑剂使裂缝面不能完全闭合，因此需要考虑支撑剂的支撑刚度对裂缝缝宽的影响，而受压裂缝的缝宽又会反过来影响地应力分布，以及其他裂缝的缝宽和扩展方向。

裂缝缝宽的相互影响行为在以往以边界元法为基础的多裂缝扩展的求解模型中并未被考虑到。在以有限元为基础的求解模型中，为考虑裂缝缝宽的相互影响，有学者将裂缝面受压时的收缩量预设为定值，但裂缝在相互影响过程中缝宽是动态变化的，这种做法并不符合实际情况。为解决以往数学计算模型中存在的问题，本文假设裂缝被压开后水力裂缝从趾端到跟端都被支撑剂完全充填，建立了弹性支撑情况下的缝间干扰及裂缝宽度求解模型，模拟水力裂缝在同步起裂时的缝间相互作用情况。

受力模型如图 4.3 所示。多水力裂缝同步扩展阶段，裂缝扩展长度的不对等、布缝位置的差异、扩展方向的不确定性等都可能导致水力裂缝在水力压裂过程中裂缝面的收缩。

当水力裂缝正常压裂扩展时，如图 4.3 左图所示，裂缝 1 和裂缝 2 被支撑剂和压裂液完全充填，裂缝面张开，缝内只存在缝内流体压力 P_f。多裂缝扩展时，裂缝面会受到其他水力裂缝产生的诱导应力的影响。如图 4.3 右图所示，在诱导压应力作用下，裂缝 2 的裂缝面收缩，支撑剂被压缩后会相互挤压并对裂缝面产生反向支撑作用力，使裂缝面保持一定的残余缝宽。本文残余缝宽指水力裂缝面收缩时由支撑剂支撑下的缝宽。此时裂缝 2 的内裂缝面同时存在压裂液产生的缝内压力作用和支撑剂对裂缝面的反向支撑力作用，表示为 $P_{\text{stiff}}+P_f$；外裂缝面受到地应力和其他裂缝诱导应力作用，表示为$(\sigma)_0^\infty+\sigma'$。

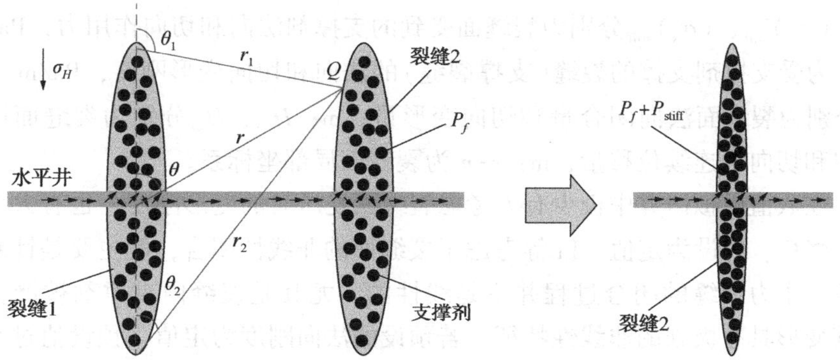

图 4.3　裂缝面受压收缩时的受力模型

4.1.2 数学计算模型

假设储层中有 m 条水力裂缝。水力压裂过程中裂缝经过有限次扩展后，这 m 条裂缝分别包含 N_1，N_2，…，N_m个离散裂缝单元，此时用 N 表示 m 条裂缝总的离散裂缝单元数，$N=N_1+N_2+\cdots+N_m$。由于同一条裂缝上可能某些离散裂缝单元受到拉应力，某些离散裂缝单元受到压应力。压裂液作用下水力裂缝内憋压，使裂缝面张开。裂缝变形时的力学计算模型参照第 2 章，当裂缝面受到的总应力为压应力时，考虑裂缝内支撑剂的支撑反向支撑作用力，裂缝面受力及变形模型如图 4.4所示，在局部坐标系 $n-s$ 坐标系中，裂缝面在法向作用力 σ_n和切向作用力σ_s作用下会收缩和剪切滑移。裂缝面张开时的裂缝宽度为D_{n0}，裂缝面具有法向变形刚度K_n和切向变形刚度K_s，受压时裂缝面纵向收缩量为 ΔD_n。

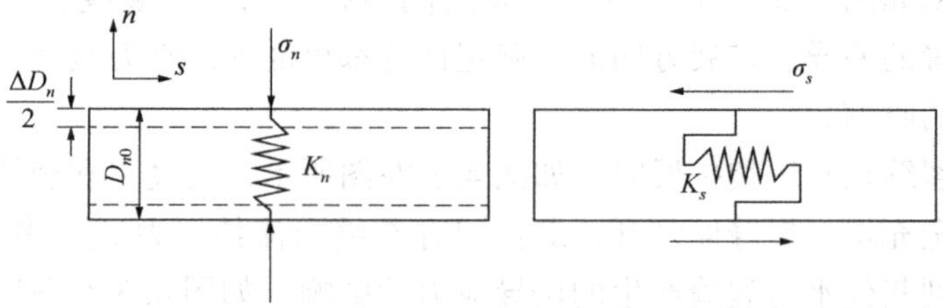

图 4.4　离散裂缝单元受力变形模型

离散裂缝单元的法向变形量和切向变形量，以及上述变形量下的裂缝面支撑剂作用力满足如下方程：

$$\begin{cases}(\sigma_n)_{\text{stiff}}=-K_n\Delta D_n & \Delta D_n<D_{n0}\\ (\sigma_s)_{\text{stiff}}=-K_s\Delta D_s & \Delta D_s<D_{s0}\end{cases} \tag{4.1}$$

式中，$(\sigma_n)_{\text{stiff}}$、$(\sigma_s)_{\text{stiff}}$分别为裂缝面受到的支撑剂法向和切向作用力，Pa；$K_n$、$K_s$分别为受支撑剂支撑的裂缝（支撑裂缝）的法向和切向变形刚度，Pa/m；ΔD_n、ΔD_s 分别为裂缝面法向闭合量和切向变形量，m；D_{n0}、D_{s0}分别为裂缝面历史最大法向和切向不连续位移量，m；$s-n$ 为裂缝面局部坐标系。

以往数值模拟研究中极少有人考虑裂缝面受压时的变形刚度。也有人为简便起见，将K_s、K_n设为定值。Li 等考虑了裂缝面的非线性闭合，但主要是针对天然裂缝的。水力裂缝的闭合过程并不是线性的，尤其是裂缝内支撑剂被严重挤压时，其变形具有极强的非线性特征。若预设的法向刚度为定值，预设值过小时达不到精度要求，过大时容易造成无解。

本文基于支撑剂应力应变规律，运用抛物线的递增特征构造应力应变函数，用来模拟裂缝面的非线性闭合过程，此处假设裂缝水平截面上支撑剂均匀分布。构造过程如下：

$$\varepsilon_{nn}=\partial u_n/\partial n=[u_n(s,\ h/2)-u_n(s,\ h/2)]/h=\Delta D_n/D_{n0} \tag{4.2}$$

$$(\sigma_n)_{\text{stiff}}=E_P\cdot\varepsilon_{nn}=E_P\cdot\frac{\Delta D_n}{D_{n0}}=K_n\Delta D_n \tag{4.3}$$

式中，ε_{nn}为裂缝面缝宽方向应变，无量纲；$(\sigma_n)_{\text{stiff}}$为支撑剂产生的支撑力，Pa；$E_P$为支撑剂杨氏模量，Pa；$\Delta D_n$为缝宽变化量，m；$D_{n0}$为压裂过程中裂缝历史最大缝宽，m。

为了使裂缝变形刚度具有随裂缝收缩量动态变化的特征，在此基础上引入抛物线方程构造裂缝变形刚度K_n，具体为：

$$K_n=\lambda\cdot K_{n0}\Big/\left(1-\frac{\Delta D_n}{D_{n0}}\right)^2 \tag{4.4}$$

式中，K_{n0}为支撑剂颗粒的裂缝变形刚度，Pa/m；K_n为裂缝面非线性变形刚度，Pa/m；λ为修正系数。

综上所述，水力裂缝面收缩时，支撑刚度为K_{n0}的支撑剂对裂缝面具有反向支撑作用力，该作用力下裂缝面具有了一定的变形刚度(K_n)。

取$D_{n0}=0.13\times10^{-3}$m，$K_{n0}=50\text{GPa}\cdot\text{m}^{-1}$。裂缝面受压时的应力应变如图4.5(a)所示。裂缝面在开始受压阶段，由于支撑剂之间接触并不紧密，在相对较小的压力下裂缝面极容易收缩。但当裂缝面收缩量达到0.12×10^{-3}m后，由于支撑剂被压实和变形(图4.3)，此时裂缝面变形刚度随缝宽收缩量增大而趋于无穷大，代表裂缝面永远不会发生相互穿插现象。将模拟得到的应力、应变和变形刚度之间的关系曲线[图4.5(a)]，与花岗岩上以金刚石颗粒为支撑剂得到的实验结果进行比较[图4.5(b)]，曲线变化规律匹配较好。

在考虑裂缝面变形刚度基础上建立裂缝面变形控制方程。由于裂缝同时起裂，因此在初始时刻裂缝面只受到缝内压力和地应力作用。联立公式(2.33)和公式(2.36)可将裂缝面变形方程表示为：

$$\begin{cases}\sum\limits_{j=1}^{N}(A_{ss}^{i,j}[D_s^j]_0+A_{sn}^{i,j}[D_n^j]_0)=\sigma_s^i=-\dfrac{1}{2}(\sigma_h-\sigma_H)\sin2\theta_i\\ \sum\limits_{j=1}^{N}(A_{ns}^{i,j}[D_s^j]_0+A_{nn}^{i,j}[D_n^j]_0)=\sigma_n^i=P_f-\sigma_h\sin^2\theta_i-\sigma_H\cos^2\theta_i\end{cases}\quad(i=1,\ 2,\ \cdots,\ N) \tag{4.5}$$

式中，i、j为离散裂缝单元编号；$[D_s^j]_0$为第j个离散裂缝单元压裂过程最大切向位移，m；$[D_n^j]_0$表示第j个离散裂缝单元压裂过程最大法向位移(缝宽)，m；

$A_{ss}^{i,j}$、$A_{sn}^{i,j}$、$A_{ns}^{i,j}$、$A_{nn}^{i,j}$均为应力边界影响系数，与离散后的裂缝单元坐标相关，表示第 j 个裂缝单元对第 i 个裂缝单元产生的作用力，Pa；σ_H、σ_h分别为最大水平主应力和最小水平主应力，Pa；P_f为注液时的缝内压力，Pa；θ 为离散裂缝单元局部坐标系和整体坐标系之间夹角，(°)；σ_s^i、σ_n^i 分别为第 i 个裂缝单元受到的切向应力和法向应力，Pa。

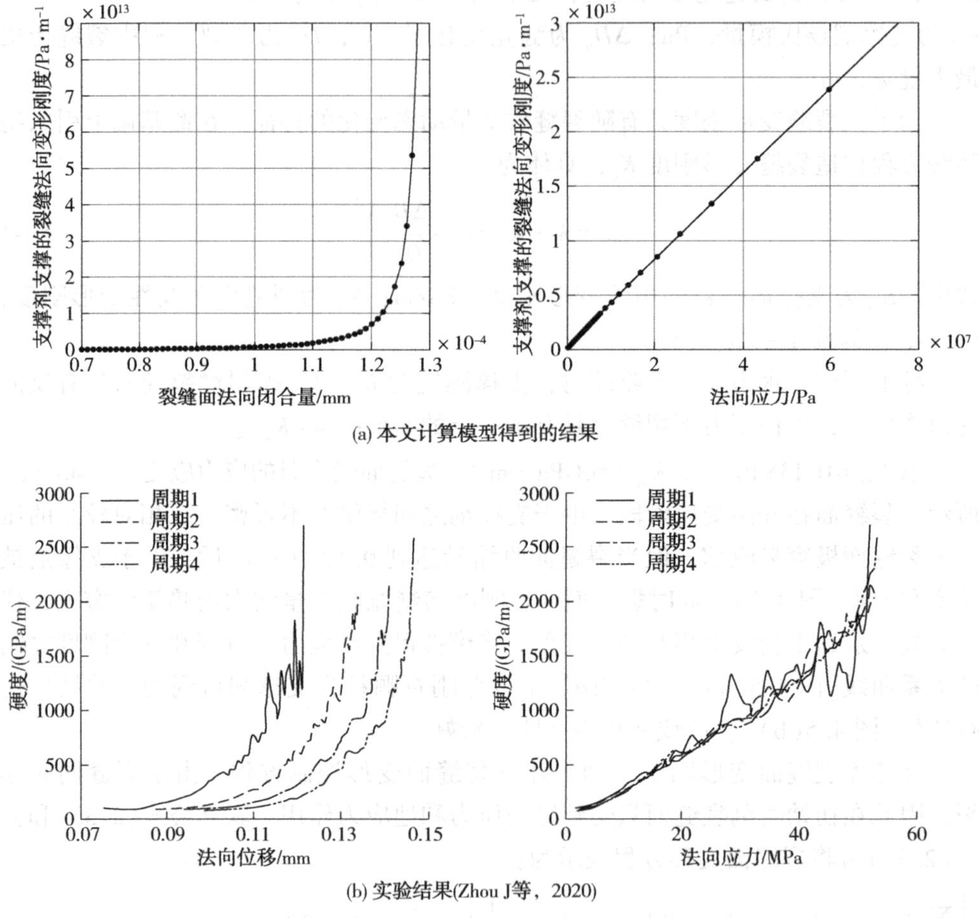

图 4.5　裂缝面法向变形刚度和卸载条件下的应力应变关系

求解上述方程组得到离散裂缝单元不连续位移量$[D_s^j]_0$、$[D_n^j]_0$。基于裂缝单元不连续位移量计算离散裂缝单元在地应力、裂缝内流体及多裂缝诱导应力综合作用下受到的总应力为σ_{xx}、σ_{xy}、σ_{yy}。并将全局坐标下的离散裂缝单元受力转化到沿离散裂缝单元裂缝面和垂直离散裂缝单元裂缝面的 $s-n$ 坐标系下，局部坐标系下的离散裂缝单元面切向和法向受力可表示为：

$$\begin{cases}\sigma_s^i=([\sigma_{yy}]^i-[\sigma_{xx}]^i)\sin\theta_i\cdot\cos\theta_i+[\sigma_{xy}]^i(\cos^2\theta_i-\sin^2\theta_i)\\ \sigma_n^i=[\sigma_{xx}]^i\sin^2\theta_i-2[\sigma_{xy}]^i\sin\theta_i\cdot\cos\theta_i+[\sigma_{yy}]^i\cos^2\theta_i\end{cases}\tag{4.6}$$

式中，σ_{xx}表示离散裂缝单元沿 x 方向正应力，Pa；σ_{xy}、σ_{yy}表示离散裂缝单元沿 y 方向正应力、剪应力，Pa。

通过 σ_s^i 和 σ_n^i 判断此时离散裂缝单元的受力情况。为简化计算模型，假设水力裂缝被压开后，沿缝长方向可被支撑剂完全充填。当第 k 到第$(k+m)$个裂缝单元受到总应力为压应力，在地应力和支撑剂共同作用下，裂缝面产生 ΔD_n 的闭合量，而在其他裂缝单元上裂缝面受到的总应力为向外的张开力。

多水平井同步压裂裂缝扩展过程中，离散裂缝单元变形控制方程可表示为：

$$\begin{cases}\sum_{j=k}^{k+m}[A_{ss}^{i,j}([D_s^j]_0+\Delta D_s^j)+A_{sn}^{i,j}([D_n^j]_0+\Delta D_n^j)]+\\ \sum_{j=1}^{k-1}(A_{ss}^{i,j}D_s^j+A_{sn}^{i,j}D_n^j)+\sum_{j=k+m+1}^{N}(A_{ss}^{i,j}D_s^j+A_{sn}^{i,j}D_n^j)=\sigma_s^i\\ \sum_{j=k}^{k+m}[A_{ns}^{i,j}([D_s^j]_0+\Delta D_s^j)+A_{nn}^{i,j}([D_n^j]_0+\Delta D_n^j)]+\\ \sum_{j=1}^{k-1}(A_{ns}^{i,j}D_s^j+A_{nn}^{i,j}D_n^j)+\sum_{j=k+m+1}^{N}(A_{ns}^{i,j}D_s^j+A_{nn}^{i,j}D_n^j)=\sigma_n^i\end{cases}\tag{4.7}$$

式中，ΔD_s^j 为第 j 个离散裂缝单元上的切向位移变化量，m；ΔD_n^j 为第 j 个离散裂缝单元上的法向位移变化量，m。

对于多裂缝同步扩展过程中受压收缩的离散裂缝单元 i，受到的总应力是水平主应力、缝内压力和支撑剂反向作用力的合力可表示为：

$$\begin{cases}\sigma_s^i=-\dfrac{1}{2}(\sigma_h-\sigma_H)\sin2\theta_i-(\sigma_s^i)_{\text{stiff}}\\ \sigma_n^i=P_{fi}-\sigma_h\sin^2\theta_i-\sigma_H\cos^2\theta_i-(\sigma_n^i)_{\text{stiff}}\end{cases}\quad(i=k,\ k+1,\ \cdots,\ k+m)\tag{4.8}$$

式中，$(\sigma_n^i)_{\text{stiff}}$表示裂缝面受到的法向变形刚度产生的作用力，Pa；$(\sigma_s^i)_{\text{stiff}}$表示裂缝面受到的切向变形刚度产生的作用力，Pa；$P_{fi}$表示第 i 个离散裂缝单元的缝内压力，Pa。

对于多裂缝同步扩展过程中不受压收缩的裂缝，受到的总应力是水平主应力及缝内流体压力的合力可表示为：

$$\begin{cases}\sigma_s^i=-\dfrac{1}{2}(\sigma_h-\sigma_H)\sin2\theta_i\\ \sigma_n^i=P_{fi}-\sigma_h\sin^2\theta_i-\sigma_H\cos^2\theta_i\end{cases}\quad(i=1,\ 2,\ \cdots,\ k-1,\ k+m+1,\ \cdots,\ N)\tag{4.9}$$

引入总的裂缝单元的不连续位移量 D_s^j、D_n^j。总的裂缝不连续位移量等于压裂扩展时压开的最大裂缝面位移与裂缝面收缩量的和：

$$\begin{cases} D_s^j = [D_s^j]_0 + \Delta D_s^j,\ D_n^j = [D_n^j]_0 + \Delta D_n^j & j = k,\ k+1,\ \cdots,\ k+m \\ D_s^j = D_s^j,\ D_n^j = D_n^j & j = 1,\ 2,\ \cdots,\ k-1,\ k+m+1,\ \cdots,\ N \end{cases} \tag{4.10}$$

基于裂缝不连续位移量循环计算裂缝面应力，直到在支撑剂作用下裂缝面不连续位移量达到平衡，即 $\Delta D^{j+1} - \Delta D^j < \varepsilon$（允许误差）。假设此时离散裂缝单元中受压裂缝单元编号为第 k' 到第（$k'+m'$），更新可得到最终裂缝单元不连续位移量 $[D_s^j]'$、$[D_s^j]'$，具体如下：

$$\begin{cases} [D_s^j]' = [D_s^j]_0 + \Delta D_s^j,\ [D_n^j]' = [D_n^j]_0 + \Delta D_n^j & j = k',\ k'+1,\ \cdots,\ k'+m' \\ [D_s^j]' = D_s^j,\ [D_n^j]' = D_n^j & j = 1,\ 2,\ \cdots,\ k'-1,\ k'+m'+1,\ \cdots,\ N \end{cases} \tag{4.11}$$

对于多裂缝扩展问题，当有 K 个裂缝尖端发生破裂时，相应新增 K 个裂缝单元：

$$\begin{cases} \sum\limits_{j=k'}^{k'+m'} [A_{ss}^{i,j}([D_s^j]_0 + \Delta D_s^j) + A_{sn}^{i,j}([D_n^j]_0 + \Delta D_n^j)] + \\ \sum\limits_{j=1}^{k'-1} (A_{ss}^{i,j} D_s^j + A_{sn}^{i,j} D_n^j) + \sum\limits_{j=k'+m'+1}^{N+K} (A_{ss}^{i,j} D_s^j + A_{sn}^{i,j} D_n^j) = \sigma_s^i \\ \sum\limits_{j=k'}^{k'+m'} [A_{ns}^{i,j}([D_s^j]_0 + \Delta D_s^j) + A_{nn}^{i,j}([D_n^j]_0 + \Delta D_n^j)] + \\ \sum\limits_{j=1}^{k'-1} (A_{ns}^{i,j} D_s^j + A_{nn}^{i,j} D_n^j) + \sum\limits_{j=k'+m'+1}^{N+K} (A_{ns}^{i,j} D_s^j + A_{nn}^{i,j} D_n^j) = \sigma_n^i \end{cases} \tag{4.12}$$

此时对于受压裂缝单元：

$$\begin{cases} \sigma_s^i = -\dfrac{1}{2}(\sigma_h - \sigma_H)\sin 2\theta_i - K_s \Delta D_s^i \\ \sigma_n^i = P_i - \sigma_h \sin^2\theta_i - \sigma_H \cos^2\theta_i - K_n \Delta D_n^i \end{cases} \quad (i = k',\ k'+1,\ \cdots,\ k'+m') \tag{4.13}$$

对于不受压裂缝单元：

$$\begin{cases} \sigma_s^i = -\dfrac{1}{2}(\sigma_h - \sigma_H)\sin 2\theta_i \\ \sigma_n^i = P_i - \sigma_h \sin^2\theta_i - \sigma_H \cos^2\theta_i \end{cases} \quad \begin{pmatrix} i = 1,\ 2,\ \cdots,\ k'-1; \\ i = k'+m'+1,\ \cdots,\ N+K \end{pmatrix} \tag{4.14}$$

循环计算得到每个离散裂缝单元的不连续位移量 D_n、D_s。依据不连续位移量，通过第 2 章 2.4.2 小节断裂准则判断裂缝尖端是否发生断裂。

4.1.3 计算流程

本节建立的裂缝同步起裂裂缝变形控制方程与第 2 章水力裂缝基础变形控制方程的求解过程类似，不同点在于本节对受压裂缝面内支撑剂的弹性支撑问题进行了考虑。以下在第 2 章基础上对模型局部计算流程进行说明，非线性方程组的求解采用牛顿迭代法进行计算，局部计算流程图如图 4.6 所示：

(1) 通过公式(4.5)计算初始不连续位移量 D_n、D_s；

(2) 完成不连续位移量求解后，根据求解得到的 D_n、D_s 通过第 2 章公式(2.30)计算所有离散裂缝单元受到的应力，标记受压离散裂缝单元编号，若没有离散裂缝单元受压，则进入第(5)步；

(3) 若有离散裂缝单元受压，添加离散裂缝单元在支撑剂作用下的反向支撑作用力，通过公式(4.7)计算 ΔD_i；

(4) 若 $|\Delta D_{i+1}-\Delta D_i|>\varepsilon$，返回第(3)步，否则结束循环进入第(5)步；

(5) 进入全局计算流程。

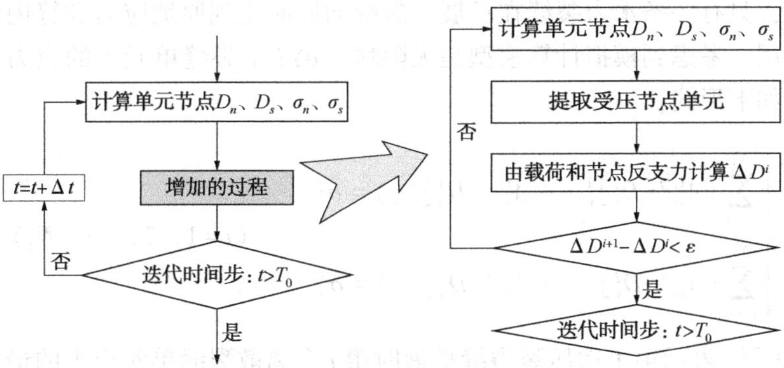

图 4.6　多裂缝同时压裂计算流程图

4.2　多裂缝次序压裂时裂缝扩展计算模型

4.2.1　数学计算模型

水力压裂过程中，水力裂缝的非同步扩展综合起来分为两种类型：第一种是由储层非均质情况引起的——由储层非均质性等其他不可控因素造成的裂缝起裂时机的不同；第二种是由压裂方式引起的——拉链式压裂、重复压裂、分段多簇压裂等，特征在于压裂完一条或一段裂缝再进行下一条或下一段水力裂缝的压裂。本节主要讨论第二种情况。

本节提到的次序压裂，指在水平井水力压裂施工过程中逐条压开水力裂缝。当上一条水力裂缝达到目标长度后，停止注入压裂液并进行下一条水力裂缝的压裂。不论单水平井分段压裂还是双水平井拉链式压裂，都可以认为是在次序压开水力裂缝，通常已压开的水力裂缝在地应力作用下会趋于闭合。当水力裂缝中存在支撑剂时，支撑剂会使裂缝保持一定残余缝宽，从而提高裂缝中油气的渗流能力，残余缝宽大小与岩石力学性质和支撑剂类型有关。假定压开裂缝后，裂缝水平截面上是被支撑剂均匀充填的。顺序压裂中，由于已压开裂缝内残余的压裂液不足以支撑裂缝，支撑剂的存在会使其保持一定的残余缝宽，这种残余缝宽会影响后续水力裂缝的扩展。同时，后续水力裂缝的扩展也会反过来影响已压裂裂缝的残余缝宽，最终两者之间达到动态平衡。因此多水力裂缝次序压裂和 4.1 小节的同时压裂又有一定区别。

具体建模过程如下：对水平井射孔段裂缝进行离散化处理，假设射孔后形成 m 条初始裂缝，这 m 条裂缝分别包含 N_1，N_2，…，N_m 个初始离散单元。在初始压裂阶段，只有一条水力裂缝在扩展，裂缝面同时受到原地应力和缝内流体压力的共同作用。考虑到模拟计算模型是无限域，第 i 个裂缝单元上的应力平衡方程可表示为如下形式：

$$\begin{cases} \sum_{j=1}^{N_1} \left(A_{ss}^{i,j} [D_s^j]_{\max}^1 + A_{sn}^{i,j} [D_n^j]_{\max}^1 \right) = \sigma_s^i \\ \sum_{j=1}^{N_1} \left(A_{ns}^{i,j} [D_s^j]_{\max}^1 + A_{nn}^{i,j} [D_n^j]_{\max}^1 \right) = \sigma_n^i \end{cases} \quad (i=1,\ 2,\ \cdots,\ N_1) \tag{4.15}$$

式中，$[D_n^j]_{\max}^1$ 表示第 1 次压裂裂缝扩展时第 j 个离散裂缝单元产生的最大法向位移，Pa；$[D_s^j]_{\max}^1$ 表示第 1 次压裂裂缝扩展时第 j 个离散裂缝单元产生的最大切向位移，Pa。

第 i 个离散裂缝单元受到的总应力是原地应力和缝内压力的和：

$$\begin{cases} \sigma_s^i = (\sigma_s^i)_p + (\sigma_s^i)_0^\infty \\ \sigma_n^i = (\sigma_n^i)_p + (\sigma_n^i)_0^\infty \end{cases} \quad (i=1,\ 2,\ \cdots,\ N_1) \tag{4.16}$$

式中，s、n 为第 i 个单元的局部坐标系；$(\sigma_s^i)_0^\infty$ 和 $(\sigma_n^i)_0^\infty$ 为原地应力在 s–n 坐标系中的应力分量，Pa；$(\sigma_s^i)_p$、$(\sigma_n^i)_p$ 为缝内压裂液作用力，Pa。

各应力分量具体表达式如下：

$$\begin{cases} (\sigma_s^i)_p = 0 \\ (\sigma_n^i)_p = P_f \end{cases} \quad \begin{cases} (\sigma_s^i)_0^\infty = -\dfrac{1}{2}(\sigma_h - \sigma_H)\sin 2\theta_i \\ (\sigma_n^i)_0^\infty = -\sigma_h \sin^2\theta_i - \sigma_H \cos^2\theta_i \end{cases} \tag{4.17}$$

式中，P_f 水力压裂过程中注液产生的缝内压力，Pa。

在水力压裂过程中，第一条裂缝变形产生的不连续位移（$[D_s^j]_{\max}$，$[D_n^j]_{\max}$）可通过求解方程组(4.15)得到。当第一条裂缝达到目标长度后关井，此时在原地应力作用下，已压开水力裂缝的缝宽会产生收缩。但是由于支撑剂的存在，会给裂缝面施加一个由内向外的反向作用力，使水力裂缝不会完全闭合。此时第 i 个裂缝单元受到的总应力由原地应力、支撑剂反向作用力、其他裂缝单元诱导应力三者共同组成。第一条水力裂缝压裂缝完成，停止注液并关井后的裂缝变形控制方程如下：

$$\begin{cases} \sum_{j=1}^{N_1}(A_{ss}^{i,j}[D_s^j]_{\max}^1 + A_{sn}^{i,j}[D_n^j]_{\max}^1) + \sum_{j=1}^{N_1}(A_{ss}^{i,j}\Delta D_s^j + A_{sn}^{i,j}\Delta D_n^j) \\ \qquad = -\dfrac{1}{2}(\sigma_h - \sigma_H)\sin 2\theta_i - K_s\Delta D_s^i \\ \sum_{j=1}^{N_1}(A_{ns}^{i,j}[D_s^j]_{\max}^1 + A_{nn}^{i,j}[D_n^j]_{\max}^1) + \sum_{j=1}^{N_1}(A_{ns}^{i,j}\Delta D_s^j + A_{nn}^{i,j}\Delta D_n^j) \\ \qquad = -\sigma_h\sin^2\theta_i - \sigma_H\cos^2\theta_i - K_n\Delta D_n^i \end{cases} \quad (i=1, 2, \cdots, N_1)$$

(4.18)

离散裂缝单元总应力以及总位移变形可表示为如下形式：

$$\begin{cases} [D_s^j]' = [D_s^j]_{\max}^1 + \Delta D_s^j; \\ [D_n^j]' = [D_n^j]_{\max}^1 + \Delta D_n^j; \end{cases} \quad \begin{cases} (\sigma_s^i)' = (\sigma_s^i)_0^\infty + (\sigma_s^i)_{\text{stiff}} \\ (\sigma_n^i)' = (\sigma_n^i)_0^\infty + (\sigma_n^i)_{\text{stiff}} \end{cases} \tag{4.19}$$

式中，$(\sigma_s^i)_{\text{stiff}}$、$(\sigma_n^i)_{\text{stiff}}$表示支撑剂在裂缝面产生的切向和法向反向作用力，Pa；ΔD_s^j、ΔD_n^j 分别表示离散裂缝单元切向和法向位移变化量，m；$[D_s^j]'$、$[D_n^j]'$分别表示第一条裂缝压裂完成关井时离散裂缝单元不连续位移量，m；$(\sigma_s^i)'$、$(\sigma_n^i)'$分别表示第一条裂缝压裂完成时离散裂缝单元受到的作用力之和，Pa。

合并公式(4.18)和公式(4.19)，停止注液并关井后的裂缝变形控制方程可表示为如下形式：

$$\begin{cases} \sum_{j=1}^{N_1}(A_{ss}^{i,j}[D_s^j]' + A_{sn}^{i,j}[D_n^j]') = (\sigma_s^i)' \\ \sum_{j=1}^{N_1}(A_{ns}^{i,j}[D_s^j]' + A_{nn}^{i,j}[D_n^j]') = (\sigma_n^i)' \end{cases} \tag{4.20}$$

循环计算公式(4.20)，直到在支撑剂作用下离散裂缝单元切向和法向位移变化量达到平衡，即$|\Delta D_{i+1} - \Delta D_i| < \varepsilon$(允许误差)。

此时开始下一阶段水力压裂，直至裂缝达到预设长度。在下一阶段压裂中，由于诱导应力的干扰，先压开的水力裂缝会影响后续水力裂缝的起裂和扩展；相应的，后续裂缝的起裂扩展也会反过来影响已压开水力裂缝的缝宽，使其产生收缩。裂缝的这种动态互作用过程可通过公式(4.21)表示：

$$\begin{cases}\sum_{j=1}^{N_1}(A_{ss}^{i,j}[D_s^j]_{\max}^1+A_{sn}^{i,j}[D_n^j]_{\max}^1)+\sum_{j=1}^{N_1}(A_{ss}^{i,j}\Delta D_s^j+A_{sn}^{i,j}\Delta D_n^j)\\ \qquad +\sum_{j=N_1+1}^{N_1+N_2}[A_{ss}^{i,j}[D_s^j]_{\max}^2+A_{sn}^{i,j}[D_n^j]_{\max}^2]=(\sigma_s^i)''\\ \sum_{j=1}^{N_1}(A_{ns}^{i,j}[D_s^j]_{\max}^1+A_{nn}^{i,j}[D_n^j]_{\max}^1)+\sum_{j=1}^{N_1}(A_{ns}^{i,j}\Delta D_s^j+A_{nn}^{i,j}\Delta D_n^j)\\ \qquad +\sum_{j=N_1+1}^{N_1+N_2}[A_{ns}^{i,j}[D_s^j]_{\max}^2+A_{nn}^{i,j}[D_n^j]_{\max}^2]=(\sigma_n^i)''\end{cases}\quad (i=1,\ 2,\ \cdots,\ N_1+N_2)\tag{4.21}$$

对于受压裂缝，方程式(4.21)的右半部分包括支撑剂反向作用力和原地应力：

$$\begin{cases}(\sigma_s^i)''=(\sigma_s^i)_0^\infty+(\sigma_s^i)_{\text{stiff}}\\(\sigma_n^i)''=(\sigma_n^i)_0^\infty+(\sigma_n^i)_{\text{stiff}}\end{cases}\quad (i=1,\ 2,\ \cdots,\ N_1)\tag{4.22}$$

式中，$(\sigma_s^i)''$、$(\sigma_n^i)''$分别表示第二条裂缝压裂完成时离散裂缝单元受到的作用力之和。

对于不受压裂缝，方程式(4.21)的右半部分包括缝内压力和原地应力：

$$\begin{cases}(\sigma_s^i)''=(\sigma_s^i)_p+(\sigma_s^i)_0^\infty\\(\sigma_n^i)''=(\sigma_n^i)_p+(\sigma_n^i)_0^\infty\end{cases}\quad (i=N_1+1,\ N_1+2,\ \cdots,\ N_1+N_2)\tag{4.23}$$

引入总的不连续位移量，其是裂缝压裂过程中离散裂缝单元最大不连续位移量和位移变化量的和：

$$\begin{cases}[D_{\mathbb{R}}^j]''=[D_{\mathbb{R}}^j]_{\max}^2+\Delta D_{\mathbb{R}}^j\quad (j=1,\ 2,\ \cdots,\ N_1)\\ [D_{\mathbb{R}}^j]''=D_{\mathbb{R}}^j\quad (i=N_1+1,\ N_1+2,\ \cdots,\ N_1+N_2)\end{cases}\quad (\mathbb{R}=s,\ n)\tag{4.24}$$

将公式(4.21)和公式(4.24)综合起来，可表示为如下形式：

$$\begin{cases}\sum_{j=1}^{N_1+N_2}(A_{ss}^{i,j}[D_s^j]''+A_{sn}^{i,j}[D_n^j]'')=(\sigma_s^i)''\\ \sum_{j=1}^{N_1+N_2}(A_{ns}^{i,j}[D_s^j]''+A_{nn}^{i,j}[D_n^j]'')=(\sigma_n^i)''\end{cases}\quad (i=1,\ 2,\ \cdots,\ N_1+N_2)\tag{4.25}$$

循环计算公式(4.25)，直到在支撑剂作用下离散裂缝单元位移变化量达到平衡，即$|\Delta D_{i+1}-\Delta D_i|<\varepsilon$(允许误差)。此时得到压裂过程中支撑裂缝的缝宽变化量以及非支撑裂缝的最大缝宽。压裂完成后关闭施工井，已压开的裂缝缝宽将会在地应力、缝内支撑剂反向作用力、诱导应力下达到平衡状态，其表达式如下：

$$\begin{cases}\sum_{j=1}^{N_1+N_2}(A_{ss}^{i,j}[D_s^j]_{\max}^{1,2}+A_{sn}^{i,j}[D_n^j]_{\max}^{1,2})+\sum_{j=1}^{N_1}(A_{ss}^{i,j}\Delta D_s^j+A_{sn}^{i,j}\Delta D_n^j)\\ \qquad =-\dfrac{1}{2}(\sigma_h-\sigma_H)\sin 2\theta_i-K_s\Delta D_s^i \\ \sum_{j=1}^{N_1+N_2}(A_{ns}^{i,j}[D_s^j]_{\max}^{1,2}+A_{nn}^{i,j}[D_n^j]_{\max}^{1,2})+\sum_{j=1}^{N_1}(A_{ns}^{i,j}\Delta D_s^j+A_{nn}^{i,j}\Delta D_n^j)\\ \qquad =-\sigma_h\sin^2\theta_i-\sigma_H\cos^2\theta_i-K_n\Delta D_n^i\end{cases}\quad (i=1,2,\cdots,N_1+N_2)$$

(4.26)

循环计算，直到在支撑剂作用下裂缝面不连续位移量达到平衡。到此可以看出，顺序压裂的裂缝变形存在两种形式，一种是关闭施工井，域内只存在受支撑剂支撑的水力裂缝，假设有 M 条裂缝，裂缝变形控制方程如下：

$$\begin{cases}\sum_{j=1}^{\mathbb{N}}(A_{ss}^{i,j}[D_s^j]_{\max}^{1,2,\cdots,M}+A_{sn}^{i,j}[D_n^j]_{\max}^{1,2,\cdots,M})+\sum_{j=1}^{\mathbb{N}}(A_{ss}^{i,j}\Delta D_s^j+A_{sn}^{i,j}\Delta D_n^j)=(\sigma_s^i)''\\ \sum_{j=1}^{\mathbb{N}}(A_{ns}^{i,j}[D_s^j]_{\max}^{1,2,\cdots,M}+A_{nn}^{i,j}[D_n^j]_{\max}^{1,2,\cdots,M})+\sum_{j=1}^{\mathbb{N}}(A_{ns}^{i,j}\Delta D_s^j+A_{nn}^{i,j}\Delta D_n^j)=(\sigma_n^i)''\end{cases}$$

$$(i=1,2,\cdots,\mathbb{N};\ \mathbb{N}=N_1+\cdots+N_M) \tag{4.27}$$

$$\begin{cases}(\sigma_s^i)''=-\dfrac{1}{2}(\sigma_h-\sigma_H)\sin 2\theta_i-K_s\Delta D_s^i\\ (\sigma_n^i)''=-\sigma_h\sin^2\theta_i-\sigma_H\cos^2\theta_i-K_n\Delta D_n^i\end{cases}\quad (i=1,2,\cdots,\mathbb{N};\ \mathbb{N}=N_1+\cdots+N_M)$$

(4.28)

另一种是前 $M-1$ 条为受支撑剂支撑的裂缝，第 M 条裂缝为当前注水压裂的水力裂缝。其变形方程如下：

$$\begin{cases}\sum_{j=1}^{\mathbb{N}-N_M}(A_{ss}^{i,j}[D_s^j]_{\max}^{1,2,\cdots,M-1}+A_{sn}^{i,j}[D_n^j]_{\max}^{1,2,\cdots,M-1})+\sum_{j=1}^{\mathbb{N}-N_M}(A_{ss}^{i,j}\Delta D_s^j+A_{sn}^{i,j}\Delta D_n^j)\\ \qquad +\sum_{j=\mathbb{N}-N_M+1}^{\mathbb{N}}[A_{ss}^{i,j}[D_s^j]_{\max}^{1,2,\cdots,M-1}+A_{sn}^{i,j}[D_n^j]_{\max}^{1,2,\cdots,M-1}]=(\sigma_s^i)''\\ \sum_{j=1}^{\mathbb{N}-N_M}(A_{ns}^{i,j}[D_s^j]_{\max}^{1,2,\cdots,M-1}+A_{nn}^{i,j}[D_n^j]_{\max}^{1,2,\cdots,M-1})+\sum_{j=1}^{\mathbb{N}-N_M}(A_{ns}^{i,j}\Delta D_s^j+A_{nn}^{i,j}\Delta D_n^j)\\ \qquad +\sum_{j=\mathbb{N}-N_M+1}^{\mathbb{N}}[A_{ns}^{i,j}[D_s^j]_{\max}^{M}+A_{nn}^{i,j}[D_n^j]_{\max}^{M}]=(\sigma_n^i)''\end{cases}$$

$$(i=1,2,\cdots,\mathbb{N};\ \mathbb{N}=N_1+\cdots+N_M) \tag{4.29}$$

方程式右端裂缝单元除受到地应力作用外，还受另外两种类型的作用力，一种是裂缝内支撑剂反向作用力，另一种是缝内压力，具体如下：

$$\begin{cases}(\sigma_s^i)''=-\dfrac{1}{2}(\sigma_h-\sigma_H)\sin2\theta_i-K_s\Delta D_s^i \\ (\sigma_n^i)''=-\sigma_h\sin^2\theta_i-\sigma_H\cos^2\theta_i-K_n\Delta D_n^i\end{cases}\quad (i=1,\ 2,\ \cdots,\ N-N_M)\tag{4.30}$$

$$\begin{cases}(\sigma_s^i)''=-\dfrac{1}{2}(\sigma_h-\sigma_H)\sin2\theta_i \\ (\sigma_n^i)''=P_f-\sigma_h\sin^2\theta_i-\sigma_H\cos^2\theta_i\end{cases}\quad (i=N-N_M+1,\ N_1+2,\ \cdots,\ N)\tag{4.31}$$

循环计算得到每个离散裂缝单元的不连续位移量 D_n、D_s。依据不连续位移量，结合第 2 章 2.4.2 小节断裂准则判断裂缝尖端是否发生断裂。

4.2.2 计算流程

本节建立的裂缝次序起裂扩展计算模型的求解与本章 4.1 节模型的求解过程类似，不同点在于考虑了多个压裂阶段共存时的情况。流程图如图 4.7 所示，具体求解过程如下：(1)输入初始参数，如最大水平主应力、最小水平主应力、杨氏模量、泊松比、断裂韧性、裂缝数、裂缝间距、缝内压力、射孔深度、射孔角度等；(2)水力裂缝离散化处理，并判断井况是处于哪个压裂阶段；(3)根据不同井况计算水力裂缝上离散单元的不连续位移量 D_n 和 D_s，直至满足公式(4.27)~公式(4.31)求解所需的精度要求；(4)检查迭代步骤，如果迭代时间步达到预设值 T_0，计算诱导应力场[公式(2.30)]并退出计算，否则判断水力裂缝是否发生起裂[公式(2.60)]；(5)若不发生起裂，直接转步骤(2)直至进入下一个压裂阶段。若发生起裂，计算单元偏转角[公式(2.56)]，增加裂缝单元和迭代步骤，转步骤(2)。

4.3 水平井分段多簇压裂数值模拟

通过将第 2 章边界元基础计算模型和本章 4.1 节、4.2 节建立的多裂缝相互作用计算模型相结合，对单水平井动态压裂过程中裂缝形态和诱导应力变化规律进行研究，既考虑了压裂簇间裂缝的相互作用，也考虑了压裂段之间的裂缝干扰问题。

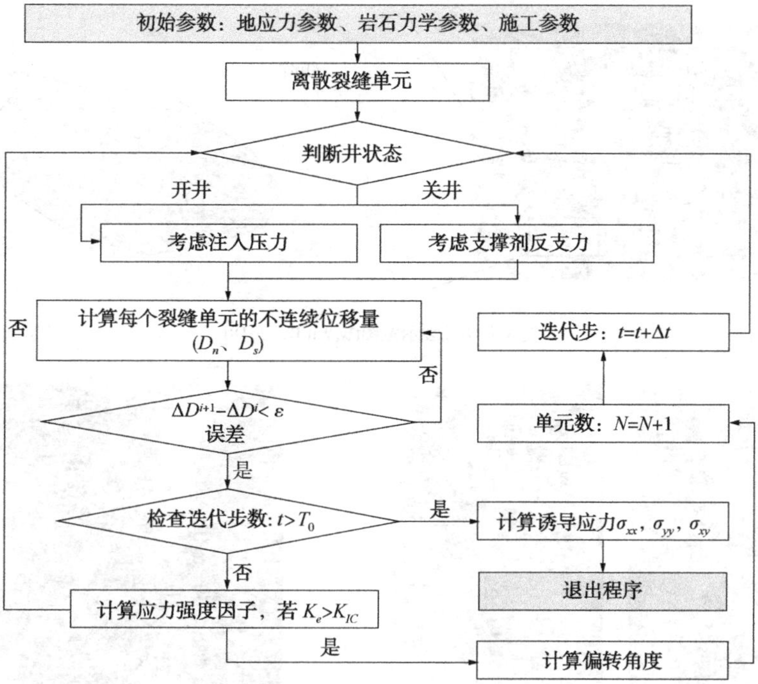

图 4.7 多裂缝次序压裂计算流程图

4.3.1 簇间应力场扰动

4.3.1.1 储层非均质性

本节将研究岩石力学性质非均质性对裂缝扩展方向带来的影响。岩石杨氏模量、泊松比与矿物晶体含量及晶体结构有关，不同的矿物成分，在裂缝尖端会体现出不同的断裂性能。由于储层岩石中矿物成分及结构差异、矿物胶结强度的不同、节理及微裂隙的存在，水力裂缝尖端在破裂及延伸长度上通常会表现出极强的随机性。如图 4.8 所示，裂隙尖端作用于晶面时，可能穿透晶面，也可能沿晶面生长或背离晶面，此时的裂缝偏转角具有极强的随机性。

为了分析岩石力学性质的随机性对裂缝轨迹的影响，模拟裂缝扩展过程中裂缝尖端岩石的杨氏模量、泊松比、偏转角在平均值上下的随机波动，波动规律服从正态分布，概率密度函数表示为：

$$f(x)=\frac{1}{\sigma\sqrt{2\pi}}e^{\frac{(x-\mu)^2}{2\sigma^2}} \tag{4.32}$$

式中，μ 为数学期望，此处代表岩石力学性质平均值；σ 为标准差；x 为岩石力学性质。

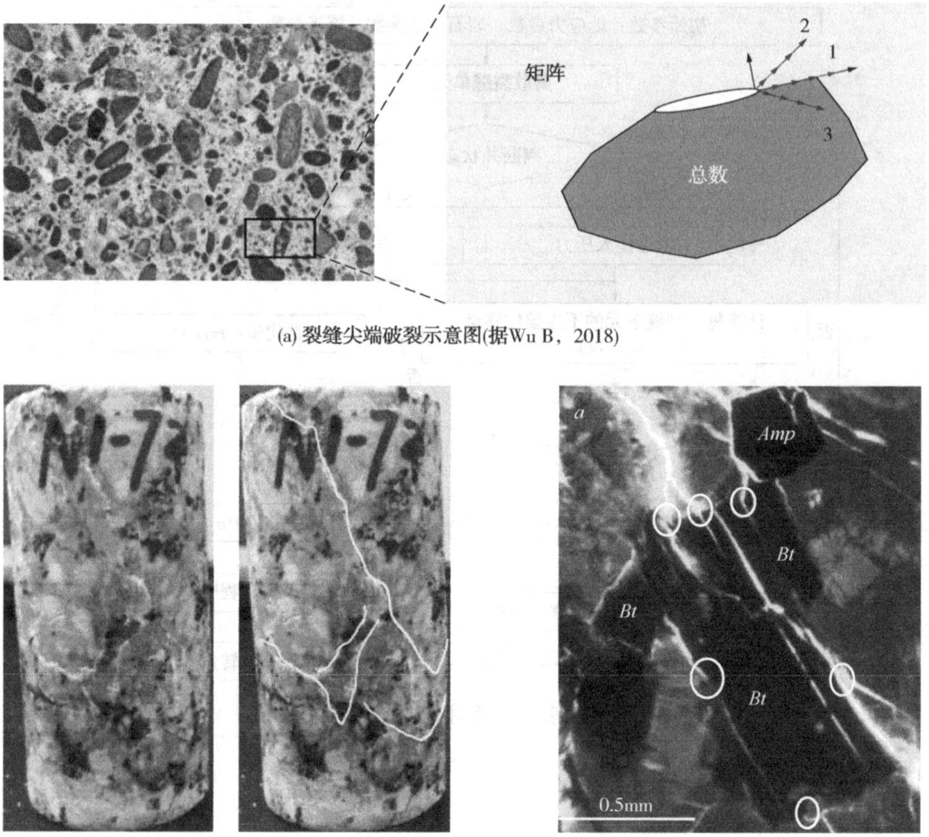

(a) 裂缝尖端破裂示意图(据Wu B，2018)

(b) 岩石矿物组成的非均质性
(据Cheng C等，2017)

(c) 矿物晶体界面上的裂缝
(据Ghasemi S等，2020)

图 4.8　岩石矿物非均质情况下裂缝扩展轨迹

考虑杨氏模量、泊松比和偏转角的随机分布，模拟由岩石矿物组成颗粒大小及胶结强度的非均质情况引起的裂缝尖端扩展长度和方向的随机变化。

模拟参数如表 4.1 所示，最小水平主应力为 35MPa，簇间距为 2m。随机岩石力学性质分布规律如图 4.9 所示。杨氏模量均值为 30GPa，标准差为 0.5GPa；泊松比均值为 0.25，标准差为 0.01。

随机参数下的簇间裂缝扩展形态如图 4.10(b)所示，其中虚线代表不考虑非均质时的情况。由图可知，裂缝扩展轨迹虽然存在随机性，但在主要扩展趋势上并未发生改变。由此可见，裂缝尖端岩石矿物颗粒大小、胶结强度的非均质性，可在小尺寸内影响裂缝扩展转向，但不能改变水力裂缝主体扩展方向。因此在以下数值模拟中统一假定储层为均质。

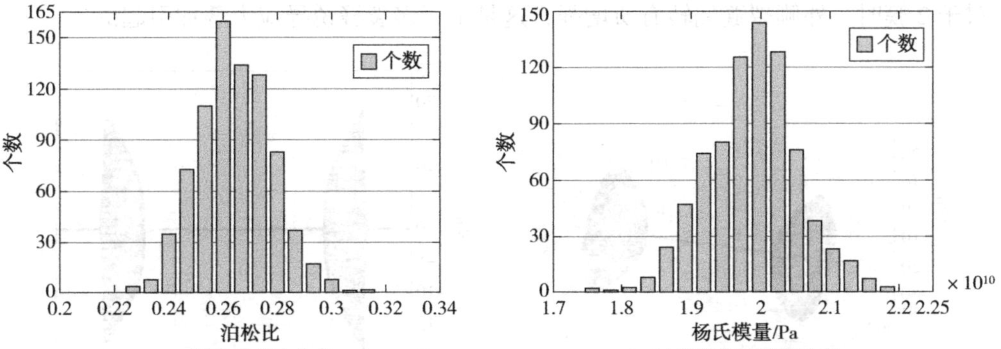

(a) 随机泊松比分布　　(b) 随机杨氏模量分布

图 4.9　岩石力学性质随机分布

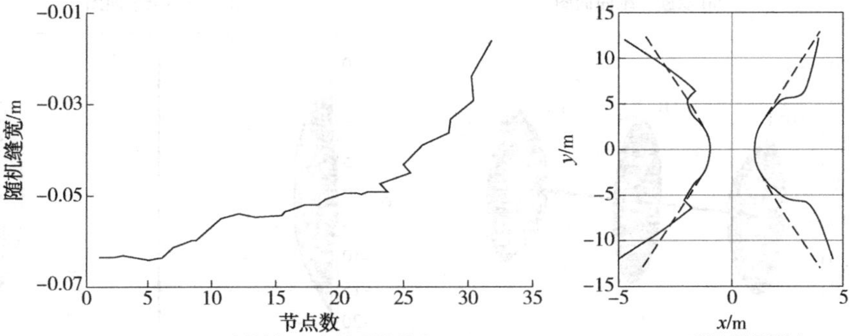

(a) 沿缝长方向的裂缝缝宽　　(b) 裂缝扩展形态

图 4.10　簇间裂缝形态对比

4.3.1.2　裂缝形态及应力场分布规律

本节主要对簇间应力场分布和裂缝形态进行研究，岩石力学参数如表 4.1 所示。由于完成压裂射孔作业后，同一段内多簇裂缝是同时压裂的，因此采用 4.1 小节计算模型，此处暂不考虑流体摩阻和压裂液滤失。假设储层为均质储层，为了研究裂缝产生的诱导应力的分布规律，预设水平主应力差为零以消除地应力对裂缝转向的影响。算例有两部分：算例 1 中展示不同压裂簇数时的裂缝空间形态；算例 2 分析不同簇间距时的诱导应力场分布规律。

算例 1：保持簇间距 15m 不变，x、y、z 三个方向水平主应力均为 40MPa，缝内压力为 44MPa。分别模拟存在 2～3 个射孔簇时的水力裂缝形态，多簇压裂时裂缝空间形态如图 4.11 所示。

由图 4.11(a)～(c)可知，多簇压裂水力裂缝对称分布时，裂缝扩展方程会互相背离，空间状态下裂缝呈现出曲面特征，形态如贝壳状。由图 4.11(d)可知，三条裂缝时，中间簇裂缝(HF 2)并不会发生偏转，相同簇间距下，3 簇裂缝扩展相对于 2 簇时，外侧裂缝偏转有所增强，这是由于多裂缝诱导应力叠加引起的。

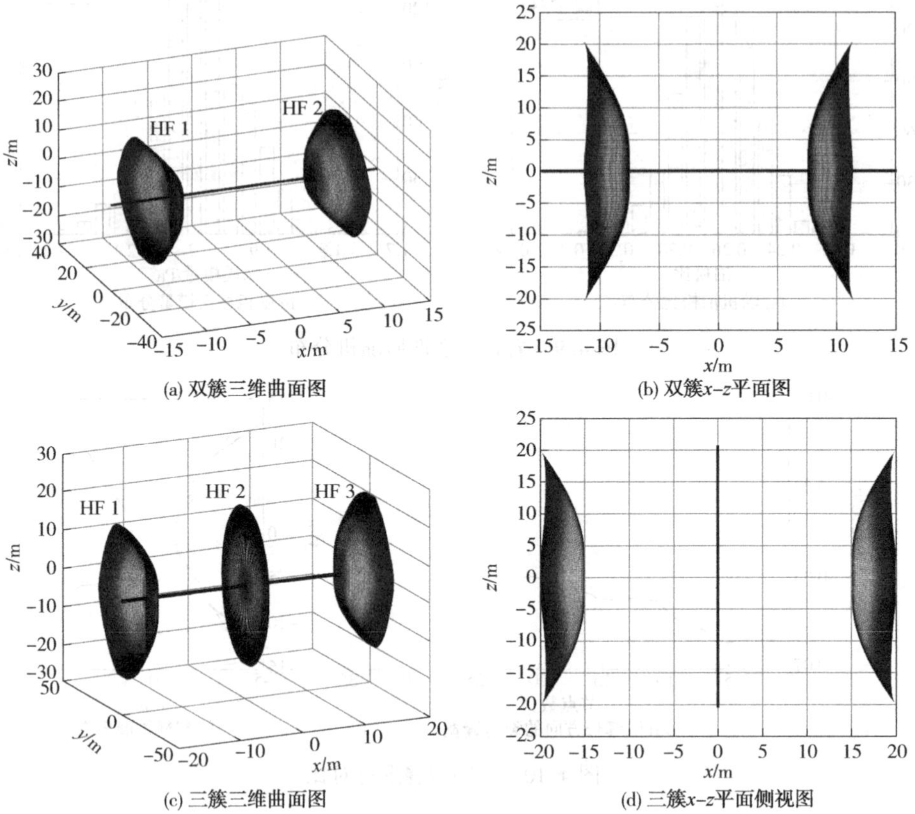

(a) 双簇三维曲面图　(b) 双簇x-z平面图

(c) 三簇三维曲面图　(d) 三簇x-z平面侧视图

图 4. 11　多簇压裂时的裂缝形态

由于裂缝面是对称的，提取两簇压裂时裂缝 1(HF 1)的缝宽和三簇压裂时裂缝 1、裂缝 2(HF 2)的缝宽数据，绘制曲线如图 4. 12 所示。由图可知，裂缝缝宽在中心位置最宽，越靠近裂缝尖端，缝宽越窄；相同条件下，三簇压裂时的缝宽小于两簇压裂时的缝宽。本案例中，三簇压裂时在井筒附近 5m 内，中间簇裂缝缝宽略微大于外侧缝宽，这是由于外侧裂缝曲面形态引起的。

算例 2：在算例 1 参数基础上，变化簇间距，模拟水力压裂中的裂缝簇间距从 1m 增加到 15m 过程中沿井筒诱导应力分布。将模拟得到的不同簇间距的井筒诱导应力堆叠，形成图 4. 13(a)所示的图版。由图可知，当簇间距小于 5m 时，沿井筒簇间应力叠加效应极为明显。随着簇间距的逐渐增大，簇间应力叠加效应逐渐减弱，相应的簇间干扰作用也在逐渐降低。

水力压裂过程中诱导应力并非均匀分布，沿井筒诱导应力分布只能体现储层中确定直线上的应力分布，并不能反映水力裂缝对研究域原地应力场的改造情况。基于上述原因，模拟了水力压裂缝内压力为50MPa，裂缝长度为60m，裂缝间距为100m时储层平面内诱导应力分布。模拟结果如图4.13(b)所示，图中裂缝尖端附近诱导应力为正，表示该区域为拉张应力区。裂缝面两侧区域下凹为负值，表示该区域为压应力区，裂缝尖端也存在诱导应力叠加效应。由图可知，水力压裂时拉应力区只存在于裂缝尖端区域附近，压应力区面积远远大于拉应力区面积。

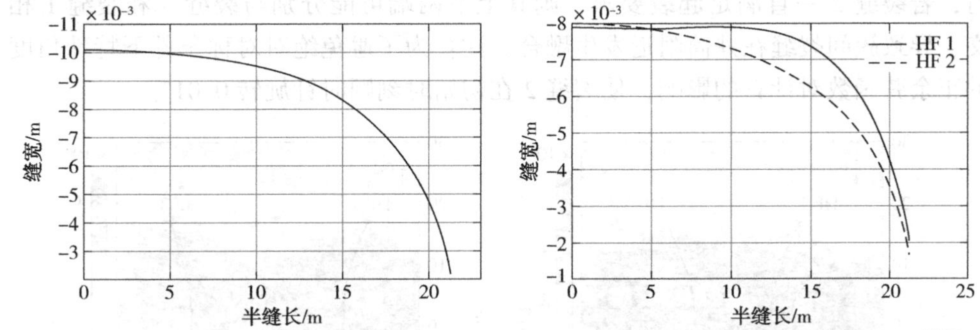

(a) 双簇——裂缝1(HF 1)缝宽　　(b) 三簇——裂缝1(HF 1)和裂缝2(HF 2)缝宽

图 4.12　多簇压裂时裂缝缝宽

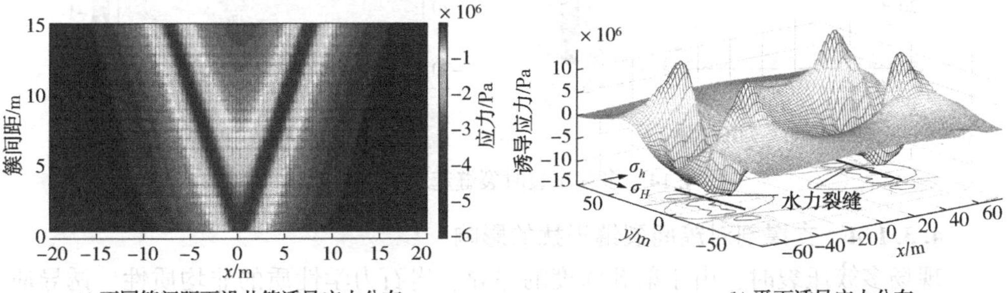

(a) 不同簇间距下沿井筒诱导应力分布　　(b) 平面诱导应力分布

图 4.13　双簇压裂时诱导应力分布

4.3.1.3　簇间距对裂缝起裂和扩展的影响

以上分析了多簇压裂时，裂缝产生的诱导应力的分布规律。诱导应力与原地应力场叠加后，会影响簇间裂缝的起裂和扩展轨迹。本节沿用表4.1岩石力学数据，最大最小水平主应力为40MPa，缝内压力为41.6MPa。由于是对射孔簇同时压裂的，所以数学计算模型使用4.1小节计算模型。以三簇裂缝为例，分别模拟簇间距为5m和10m时水力裂缝的扩展情况。模拟结果如图4.14所示，图中应力分布为水力裂缝产生的诱导应力 σ_{xx}，单位Pa。

由图4.14(a)可知，簇间距为5m时，裂缝2位于裂缝1和裂缝3中间位置，簇间应力叠加效应明显，且叠加应力为压应力，这种压应力抑制了簇间裂缝2的起裂和延伸。增大水力压裂时的簇间距到 10m，模拟结果如图 4.14(b) 所示。由图可知，中间簇裂缝 2(HF 2) 发生起裂和扩展，但其扩展并未同裂缝 1(HF 1)、裂缝 3(HF 3) 一样沿 σ_H(最大水平主应力) 方向，而是沿垂直于最大水平主应力方向。这主要是由于裂缝 1 和裂缝 3 诱导应力场叠加后改变了原地应力场分布，簇间局部主应力方向发生翻转，由垂直方向变为了水平方向。随着水力压裂进行，若裂缝 2 一直满足起裂要求，则其上下两端可能分别与裂缝 3 和裂缝 1 相交，导致簇间裂缝在井筒附近发生融合。注：为了避免绝对对称条件下特殊角度的正余弦函数对计算的影响，使裂缝 2 在初始时刻顺时针旋转 0.01°。

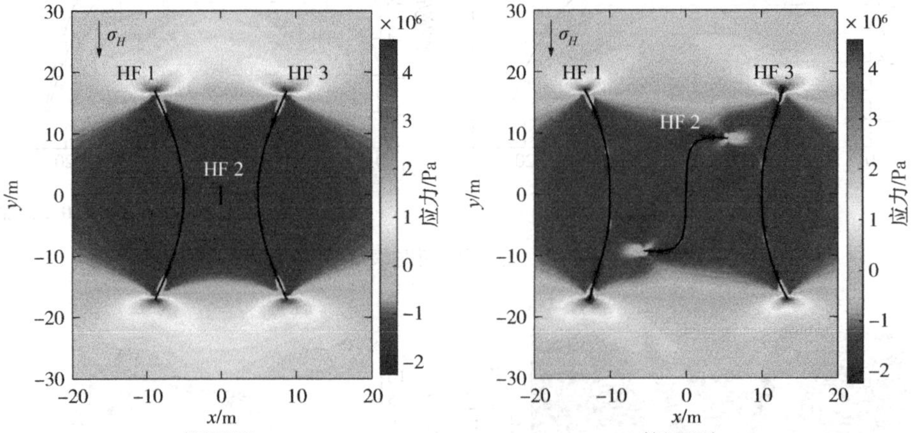

图 4.14 多簇压裂时裂缝起裂和延伸轨迹

4.3.1.4 支撑剂对簇间裂缝干扰的影响

现场多簇压裂时，由于射孔深度的差异、岩石力学性质的非均质性、诱导应力的干扰等多方面影响，导致裂缝之间在扩展过程中存在竞争。一些不具有扩展优势的水力裂缝会出现裂缝面受压的情况。受压裂缝受到缝内压力与原地应力作用，还受到支撑剂对裂缝面的反向支撑力作用。

本节将通过改变裂缝法向变形刚度，模拟支撑剂对裂缝缝宽和转向的影响。选取支撑刚度分别为 0Pa/m、1×10^9Pa/m、1×10^{10}Pa/m、1×10^{11}Pa/m，模拟三簇压裂时的情况。模拟模型与图 4.14(a) 相同，岩石力学参数见表 4.1，最大最小水平主应力均为 40MPa，缝内压力为 41.6MPa，簇间距为 5m。

图 4.15 是迭代计算 20 步时，不同支撑刚度下外侧裂缝 3 的偏转情况，以展示支撑刚度对裂缝扩展方向的影响。此时裂缝 2 为闭合裂缝，支撑剂反向作用力主要作用在裂缝 2 中，通过诱导应力的形式作用于裂缝 3。由图可知，支撑刚度越大，裂缝 3 偏转越厉害，但该影响极其微小。

图 4.16(a)和(b)为迭代计算 20 步时，不同支撑刚度下裂缝 2 和裂缝 3 的缝宽曲线。由图 4.16(a)可知，裂缝 2 闭合时，支撑剂的反向支撑力直接作用在裂缝面，裂缝 2 的残余宽度随支撑刚度的增加而增加。由图 4.16(b)可知，随着裂缝 2 内支撑刚度的增加，裂缝 2 的变形也会进一步影响其周围应力场，进而使裂缝 3 的缝宽逐渐减小。但由于裂缝 2 长度有限，对裂缝 3 缝宽影响极小，变化量小于 0.1mm。

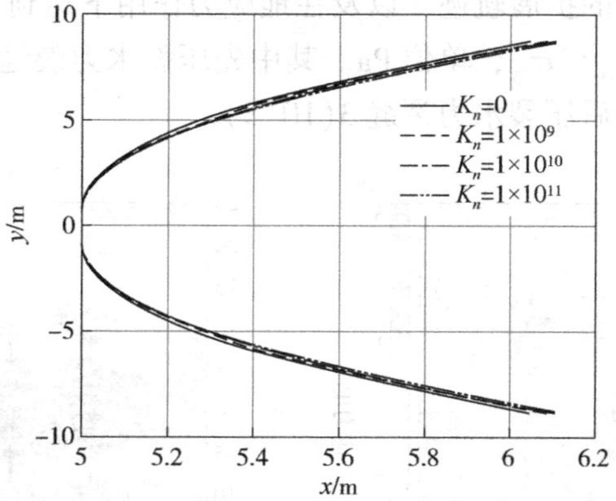

图 4.15 不同支撑刚度下裂缝 3 的偏转情况

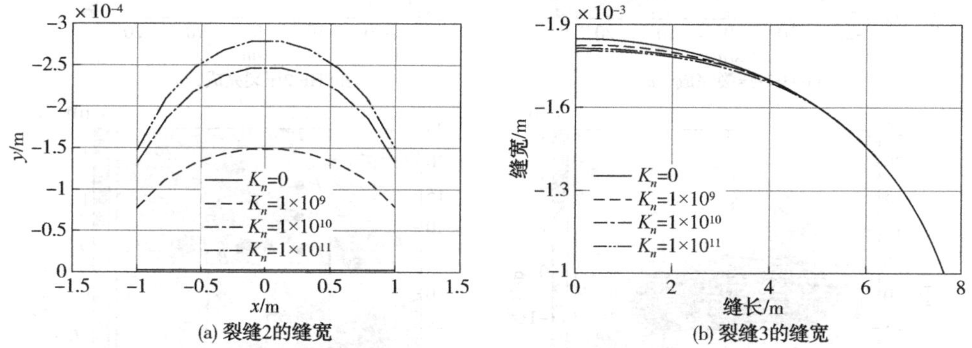

图 4.16 不同支撑刚度下裂缝缝宽

4.3.2 分段压裂裂缝扩展动态干扰机理

上文研究了一个压裂段内存在多个射孔簇时，簇间裂缝的起裂和扩展情况。本节基于图 4.1 的物理模型，以压裂段为单位，研究分段压裂过程中裂缝的相互作用情况。此处假设每段只形成一条水力裂缝，与 4.3.1 小节不同之处在于，分段压裂时压裂作业是顺序进行的，压完一段下封隔器再压另一段，因此采用 4.2 小节中的计算模型。初始参数如表 4.1 所示，其中缝间距为 10m，最大最小水平主应力均为 40MPa，缝内压力为 44MPa。

4.3.2.1 裂缝形态和轨迹相互作用

分段压裂时的局部诱导应力场主要由裂缝的残余缝宽产生。残余缝宽由压裂完成后，水力裂缝面收缩时，支撑剂对水力裂缝面的支撑产生。前文研究表明，水力裂缝周围的诱导压应力总是沿裂缝面递减的。为了揭示分段压裂时的缝间干扰机理，首先模拟了分段压裂过程中水力裂缝的扩展。图 4.17 分别为水力压裂结束，三条水力裂缝的扩展轨迹，以及在地应力作用下达到平衡时的残余缝宽引起的诱导应力分布 σ_{xx} 和 σ_{xy}，单位 Pa。其中先压裂水力裂缝 1(HF 1)，再压裂水力裂缝 2(HF 2)，最后压裂水力裂缝 3(HF 3)。

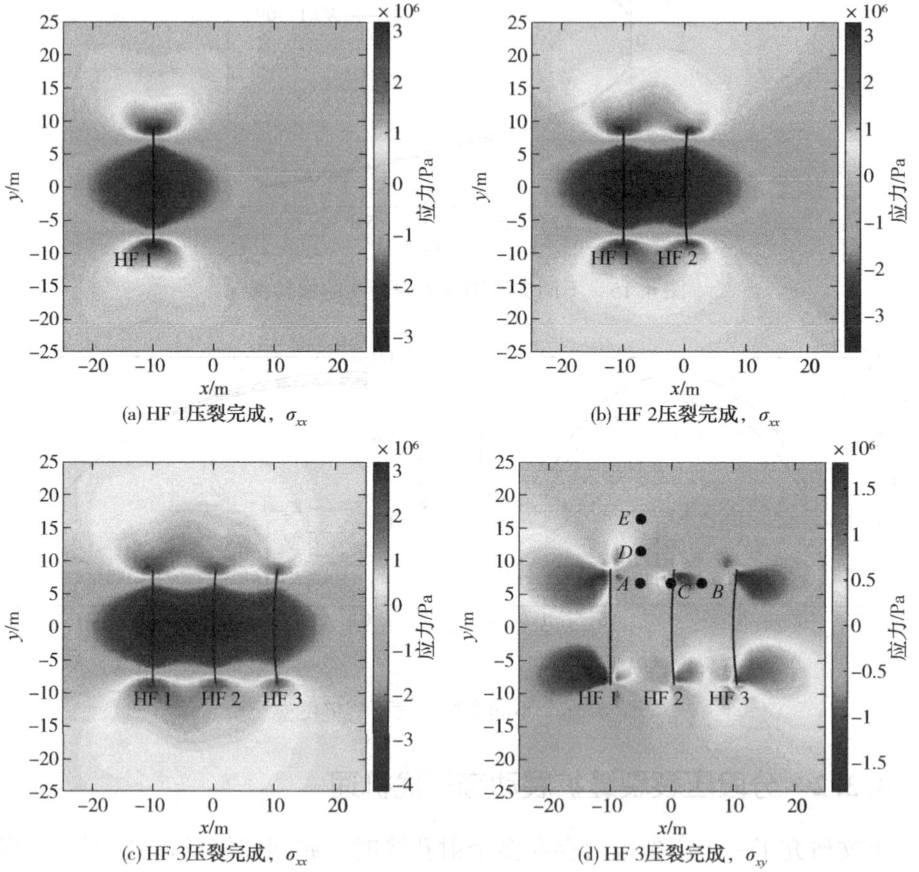

图 4.17 裂缝形态和诱导应力场

由图 4.17 可知，水力裂缝 1 是一条直裂缝，裂缝 2 和裂缝 3 逐渐弯曲，表明先压开的水力裂缝会改变局部实地应力场，导致后续水力裂缝扩展轨迹偏离已压开的水力裂缝。虽然 3 条裂缝的缝内压力相同，在相同的远场应力作用下完成压裂并且达到平衡，但从图 4.17(c)可以看出水力裂缝 1 的残余缝宽产生的诱导应力大于水力裂缝 2 的，而水力裂缝 2 的诱导应力大于水力裂缝 3 的。这是因为在水力裂缝 2 和裂缝 3 压裂过程中，其局部应力场由于裂缝 1 的存在已发生变化，裂缝 2 和裂缝 3 扩展时裂缝面受到了更多的压应力，降低了压裂时裂缝面的最大缝宽，进而导致支撑剂注入量的减少和水力裂缝残余缝宽的缩减。

分段压裂过程中，各水力裂缝的缝宽值随诱导应力场变化在不断改变。为了定量评价图 4.17 中不同压裂阶段各水力裂缝缝宽变化量，绘制了各压裂阶段开井和关井时刻水力裂缝 1 的缝宽曲线。如图 4.18 所示，图中"裂缝 1""裂缝 2""裂缝 3"分别表示压裂第一阶段、第二阶段、第三阶段，图中"开井"表示对应段压裂完成但未停止注压裂液，"关井"表示该段压裂完成停止注压裂液并下封隔器。

由图 4.18(a)可知，水力裂缝 1 在压裂完成瞬间最大缝宽为 6.5mm。压裂完成后，下封隔器准备下一段压裂，此时裂缝 1 最大缝宽在地应力作用下收缩到了 4.25mm，由于裂缝 1 内存在支撑剂支撑力，裂缝面并未完全闭合。在后续水力裂缝 2 压裂完成但缝内存在注液压力时，裂缝 2 会对已压开的裂缝 1 的缝宽继续产生影响，使裂缝 1 的缝宽继续收缩，但收缩量极小，为 0.2mm。继续进行裂缝 3 的压裂，在裂缝 3 压裂完成但缝内存在注液压力时，裂缝 1 的残余缝宽几乎与裂缝 2(开井)线重合，可见裂缝 3 产生的诱导应力对裂缝 1 的缝宽几乎没有产生影响。

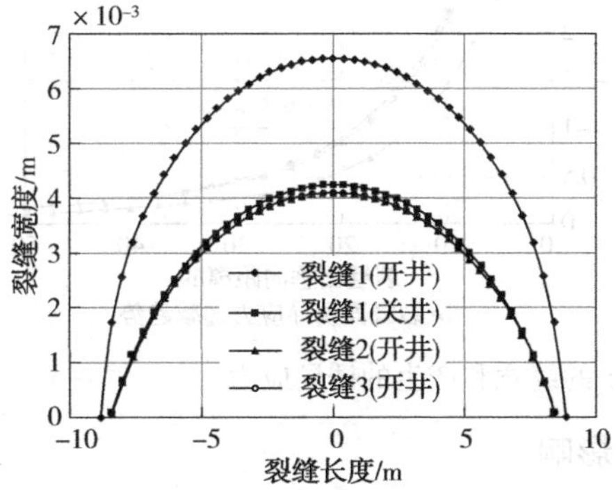

(a) 开井压裂时的缝宽

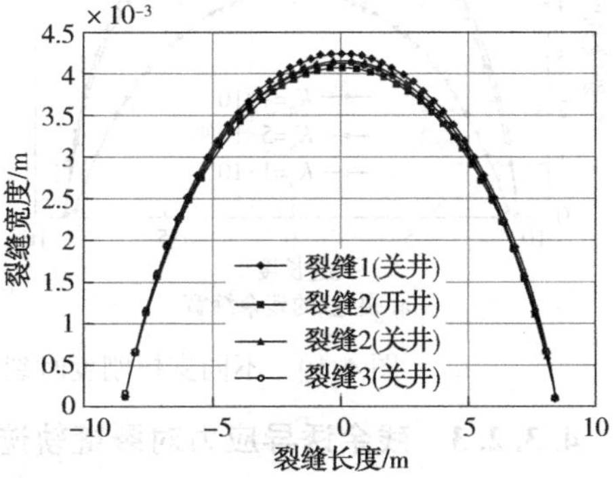

(b) 关井时的残余缝宽

图 4.18　不同压裂阶段水力裂缝的缝宽

图 4.18(b)分别为各段压裂完成并关井时裂缝的残余缝宽。裂缝 1 压裂完成关井后的残余缝宽为 4.25mm；裂缝 2 压裂完成关井后，裂缝 1 的残余缝宽为 4.15mm；裂缝 3 压裂完成关井后，裂缝 1 的残余缝宽为 4.125mm。可见分段压

裂完成并关井后，后续压裂段会对已压开裂缝残余缝宽产生影响，但量级极小，在0.2mm左右。作为对比，模拟了裂缝2开井压裂时裂缝1的残余缝宽，此时裂缝2有缝内压力，其产生的诱导应力大于裂缝2和裂缝3关井后残余缝宽产生的诱导应力，所以此时裂缝1的残余缝宽最小，极值在4.05mm。

4.3.2.2 支撑剂对簇间裂缝干扰的影响

上节分析了水力裂缝在分段压裂中的相互作用机理，主要是对分段压裂过程中已压开裂缝残余缝宽进行分析，残余缝宽使裂缝周围会产生局部诱导应力。以下分析支撑剂不同支撑刚度对水力裂缝残余缝宽的影响，如图4.19(a)所示，以及残余缝宽引起的诱导应力分布，如图4.19(b)所示。

由图可知，裂缝在支撑剂不同支撑刚度时的残余缝宽，以及残余缝宽引起的残余诱导应力场各不相同。支撑刚度为1×10^{11} Pa/m时，裂缝1残余缝宽最大值为6.4mm，残余诱导应力极值为3.9MPa；支撑刚度为5×10^{10}Pa/m时，裂缝1残余缝宽最大值为6.13mm，残余诱导应力极值为3.8MPa；支撑刚度为1×10^{10} Pa/m时，裂缝1残余缝宽最大值为4.25mm，残余诱导应力极值为3MPa。可见，支撑刚度越大，裂缝残余缝宽越宽。支撑剂对裂缝面的反向支撑力不是线性的，支撑刚度越大，裂缝面闭合时收缩量越小，产生的诱导应力对地应力的影响越大。

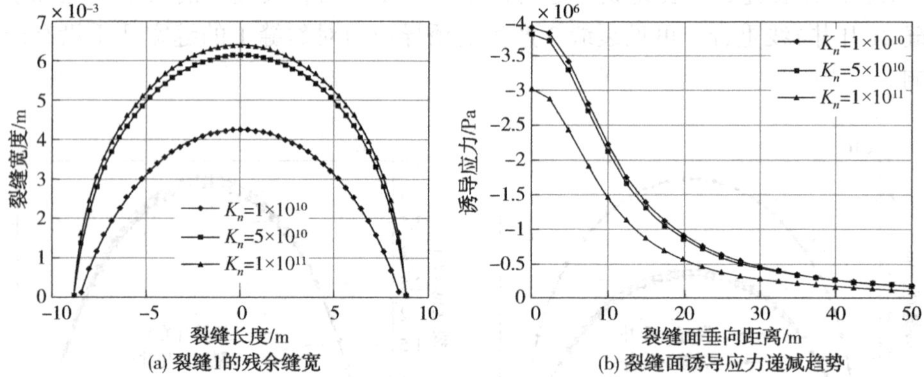

图4.19 不同支撑刚度时裂缝1的缝宽和产生的诱导应力

4.3.2.3 残余诱导应力对裂缝轨迹的影响

以上分析表明，已压开水力裂缝的残余缝宽产生的诱导应力场会改变局部地应力分布状态。下面研究由残余缝宽引起的局部地应力变化对后续水力裂缝轨迹的影响，物理模型和参数设置沿用图4.17数据，次序压裂水力裂缝1和裂缝2。图4.20为不同支撑刚度和裂缝间距下水力裂缝2的偏转情况，为了便于比较模拟结果，暂时不显示水力裂缝1。

由图4.20(a)可知，支撑刚度越大，水力裂缝缝间距越大，水力裂缝2扩展时越容易发生偏转。这是由于支撑刚度越大，裂缝 1 残余缝宽越大，产生的残余诱导应力也越大，残余诱导应力会影响后续裂缝的延伸轨迹。由图 4.20(b)可知，随着裂缝间距的增大，裂缝 1 对裂缝 2 的干扰作用逐渐降低，裂缝 2 越趋于原始路径扩展，这主要是由残余诱导应力场衰减引起。

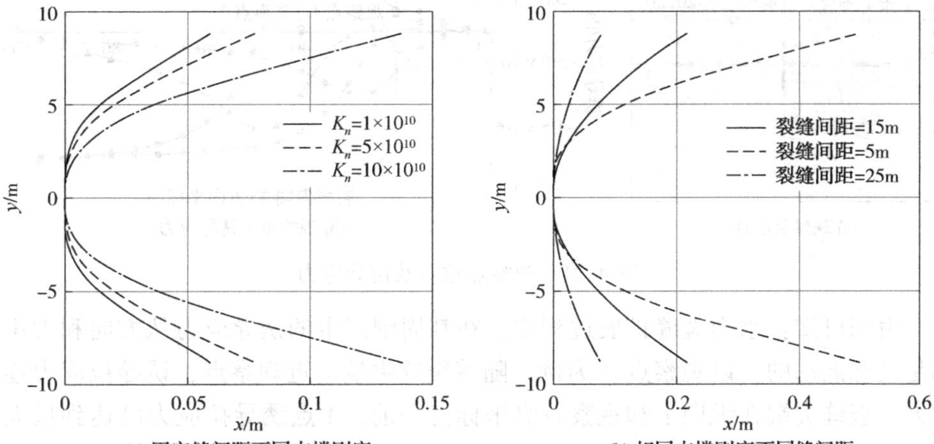

(a) 固定缝间距不同支撑刚度　　(b) 相同支撑刚度不同缝间距

图 4.20　水力裂缝 2 的延伸轨迹

4.3.3　诱导应力的时空演化机制

本节中“诱导应力的时空演化”指研究域内不同位置以及同一位置不同压裂时刻的诱导应力变化。前文分析了残余缝宽对诱导应力场的影响，以及诱导应力场对水力裂缝扩展方向的影响。然而水力压裂过程中，诱导地应力场并不是一成不变的。为了揭示压裂施工过程中储层诱导应力的时空演化规律，本节在模拟水力压裂过程中记录水力裂缝在一些固定点产生的诱导应力。下文将分别针对单条水力裂缝压裂和多条水力裂缝分段压裂两种情况进行分析。

算例一：模拟单水力裂缝扩展时的储层诱导应力波动。初始模型如图 4.21(a)所示，计算水力裂缝在动态扩展过程中趋近和超越观测点时在观察点产生的诱导应力，本案例包括两个观测点：*A* 点坐标(20，20)和 *B* 点坐标(15，40)。

初始参数如表 4.1 所示，最小水平主应力 36MPa，缝内压力为 42MPa。图 4.21(a)表示裂缝尖端沿 *y* 轴向前扩展时，不同扩展时刻在观察点 *A* 和 *B* 上产生的诱导应力，模拟结果如图 4.21(b)所示。其中，σ_{xx}表示沿 *x* 方向正应力，σ_{xy}表示剪切应力。

图 4.21(b)中的任意一条虚线都可将曲线分为两部分，左侧虚线针对观察点 *A*，右侧虚线针对观察点 *B*。第一部分位于虚线左侧，表示观察点位于裂缝斜前

方时的诱导应力。第二部分位于虚线右侧，表示裂缝尖端沿纵向穿过观测点时，观测点处于裂缝尖端斜后方时受到的诱导应力。

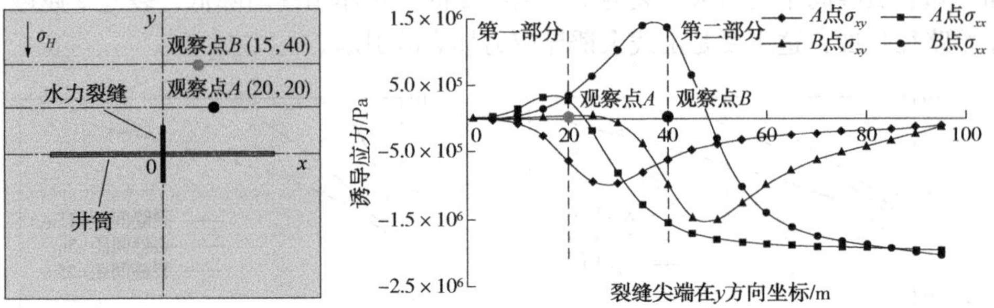

(a) 观察点示意图　　　(b) 观察点上诱导应力

图 4. 21　观察点位置及诱导应力

由图可知：水力裂缝扩展过程中，在其周围产生的诱导应力从方向和大小上都是动态波动的。以观察点 A 为例，随着裂缝尖端靠近观察点，诱导拉应力逐渐增大。裂缝尖端在纵向上和观察点纵坐标持平前，A 点诱导拉应力已达到最大值 0. 35MPa。随着裂缝尖端远离观察点 A，A 点诱导拉应力迅速下降，并转为压应力。当裂缝半缝长达到 65m 左右时，诱导压应力趋于稳定并保持在 1. 9MPa 左右。诱导剪应力在裂缝尖端经过 A 点 y 轴坐标后不久达到极值，然后随着水力裂缝扩展，下降并逐渐趋于 0。观察点 B 和观察点 A 诱导应力曲线具有相同的演化规律，不同在于，观察点 B 更靠近裂缝面，裂缝动态扩展过程中在 B 点上产生的诱导应力峰值相对较高。

算例二：模拟分段压裂过程中的诱导应力演化规律。初始模拟模型如图 4. 17 所示，对三条裂缝进行次序压裂。为了同时对比分段压裂时垂直水平井方向和平行水平井方向的应力变化情况，预设观察点 A、B、C、D、E，观察点位置如图 4. 17(d)所示，其中观察点 A、B、C 纵坐标值相同，观察点 A、D、E 横坐标值相同。初始参数与图 4. 17 相同，计算水力裂缝动态扩展过程中在各观察点位置产生的诱导应力。模拟结果如图 4. 22 所示，其中：m_i 代表第 i 段压裂完成(i=1，2，3)，裂缝内仍存在注液压力；n_i 代表前 i 段压裂完成并关井到下一阶段压裂开始，此时所有裂缝内不存在注液压力；$\Delta\sigma_{xx}$ 表示关井造成的诱导应力降落。

图 4. 22(a)中，A 点位于裂缝 1 和裂缝 2 之间，随着水力裂缝 1 扩展，在 A 点产生诱导拉应力，当裂缝 1 扩展到一定长度后，A 点诱导应力由拉转压。压应力主要来自裂缝 1 裂缝面膨胀，直到裂缝 1 扩展完成(无量纲时间步 t = 25)，A 点受到诱导压应力升高到 1. 9MPa。接着关井下封隔器，开始第二段压裂(t =

26)，此时由于第一段停止压裂，在地应力和缝内支撑剂共同作用下，裂缝面产生收缩，A 点受到诱导压应力相应降低 $\Delta\sigma_{xx}=1\text{MPa}$。随着裂缝 2 起裂和扩展，$A$ 点受到的诱导压应力又开始持续增大，最后达到 3.1MPa($t=51$)。第二阶段压裂裂缝 2 停止并关井后，A 点受到诱导压应力同样会回落($t=52$)。第三阶段压裂裂缝 3 扩展时，由于距离 A 点较远，在 A 点产生的诱导应力较小。B 点位于裂缝 2 和裂缝 3 之间，由于 A、B 两点相对于裂缝 1、裂缝 2、裂缝 3 是对称分布的，因此三段压裂完成关井后，水力裂缝在 A、B 两点产生的诱导应力大致相等，为 1.8MPa，但 A 点在整个压裂阶段相对 B 点受到压应力波动更大。地应力波动较大时，更容易破坏储层应力平衡，唤醒天然裂缝。因此当储层存在天然裂缝群时，先压裂天然裂缝群中心区域再逐渐外推压裂裂缝群边缘区域的压裂方式，比先压裂天然裂缝群边缘区域然后压裂天然裂缝群中心区域的方式，更容易唤醒天然裂缝群。压裂过程中在 C 点有诱导拉应力极大值(Q 点)，这是由于 C 点位于裂缝 2 延长线上，在裂缝尖端靠近 C 点时诱导拉应力迅速升高，在裂缝尖端穿过 C 点后诱导应力迅速由拉转压。

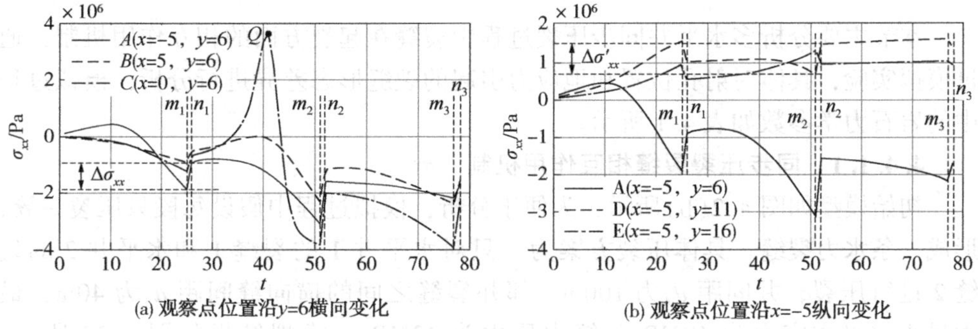

图 4.22 观察点位置处诱导应力 σ_{xx} 动态波动

图 4.22(b)中，观察点坐标在纵向发生变化，由于 D、E 点始终位于裂缝斜前方，因此受到的诱导应力始终以拉应力为主，关井过程中，诱导应力同样会有回落。需要注意的是，裂缝 2 从扩展完成到关井开始下一阶段压裂(图中 D 观察点沿 $x=-5$ 纵向变化线，$t=52$)，在 D 点产生的诱导应力反而升高了($\Delta\sigma'_{xx}=0.75\text{MPa}$)，这是由于裂缝 2 扩展时会压缩裂缝 1 的残余缝宽，降低残余缝宽作用在 D 点的诱导应力。当裂缝 2 停止压裂关井后，对裂缝 1 的压缩效应降低，导致 D 点诱导拉应力突然升高。可见由于裂缝相互作用，相邻裂缝间距过小时，裂缝的变形会降低各自裂缝尖端附近区域的诱导拉应力。

本节分析了单条水力裂缝压裂和多条水力裂缝分段压裂过程中，裂缝在研究域固定点处产生的诱导应力。由分析可知，裂缝在扩展时，诱导应力场的动态波动不容忽视。同一观察点，可能某一时间段受拉，某一时间段受压，其受到的剪应力的方向也可能翻转。若这些观察点处存在节理、微裂隙等弱结构面时，随着水力裂缝的扩展，弱结构面会产生损伤和微破裂，且随着局部诱导应力场的动态波动，裂缝在不同压裂时刻具有不同的起裂能力。当观察点存在水力裂缝时，可利用诱导应力场的波动规律调控裂缝轨迹。

4.4　多水平井压裂数值模拟

以上分析了单水平井压裂时的裂缝扩展轨迹和诱导应力变化情况，在油田压裂施工现场，为了提高压裂施工效率和最终的压裂效果，往往是多水平井共存的。不同的布井方式和压裂顺序均会对水力裂缝扩展轨迹及压裂效果产生影响。本节分别以同步压裂、拉链式压裂和加密井压裂为例，分析多水平井井间干扰作用下的裂缝扩展情况。

4.4.1　同步压裂裂缝扩展研究

本节主要分析多水平井同步压裂过程中裂缝在起裂方面的相互作用机制，通过模拟实验，具体对射孔位置和地应力引起的裂缝形态差异进行分析，模拟过程中的岩石力学参数如表 4.1 所示。

4.4.1.1　同步压裂裂缝相互作用机制

初始模型如图 4.2(b)所示，为便于分析，模拟过程中假设每段只压裂一簇，形成一条水力裂缝。具体压裂方案为：只对水平井 1 的裂缝 1 和水平井 2 的裂缝 2 进行压裂，井间距 d_4为 100m，邻井裂缝之间的横向缝间距 d_5为 40m，最大最小水平主应力为 40MPa，缝内压力为 42MPa，模拟结果如图 4.23 所示。图 4.23(a)为压裂完成时的裂缝扩展轨迹，图 4.23(b)为裂缝动态扩展过程中裂缝尖端应力强度因子的变化曲线。其中，A、B、C、D 分别表示同步压裂时裂缝的 4 个尖端，C'、D'分别表示单独压裂裂缝 2 时的尖端，尖端编号参照图 4.23(a)。

由图 4.23(a)可知，同步压裂时，裂缝尖端 B 和尖端 C 向前扩展时有相互靠近的趋势，这是由于裂缝在扩展时改变了缝周围局部应力场的结果。

图 4.23(b)展示了裂缝 1、裂缝 2 同步压裂和单裂缝 2 压裂时裂缝尖端的应力强度因子变化情况。由图 4.23(b)可知，同步压裂水力裂缝尖端相互靠近过程中，裂缝尖端应力强度因子会在两裂缝尖端相互逼近时达到极大值，而后迅速下降。裂缝尖端 C 在相同 y 坐标处，同步压裂产生的应力强度因子(实线 C)大于单裂缝时的应力强度因子(虚线 C')。同时发现，同步压裂时尖端 D 的应力强度因

子也相应提高了，可见同步压裂时可以提高压裂缝影响范围内的其他裂缝的起裂能力，有利于范围内不满足起裂条件的裂缝发生失稳扩展。

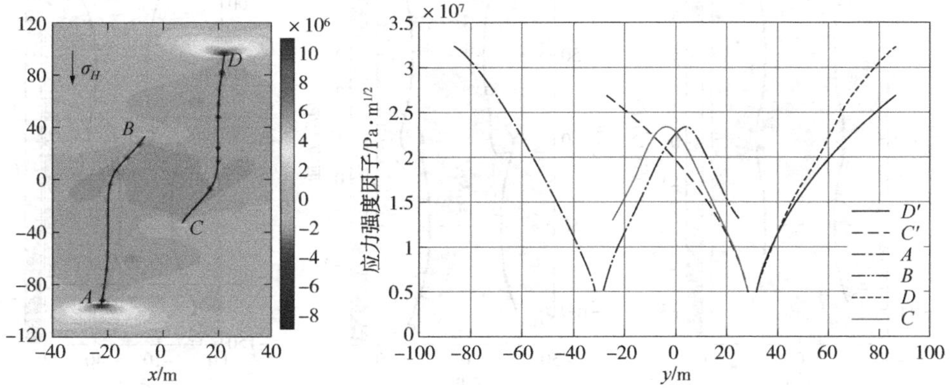

(a) 裂缝扩展轨迹　　(b) 裂缝尖端应力强度因子

图 4.23　同步压裂裂缝扩展轨迹和尖端应力强度因子

4.4.1.2　布缝位置对裂缝形态的影响

上文提到同步压裂时两口井之间的水力裂缝尖端具有相互靠近的趋势。本节设置不同的裂缝相对位置，研究水力裂缝在对顶和交叉布缝时的井间裂缝干扰情况，初始模型如图 4.2(b) 所示。假设每段射孔两簇，每簇形成一条水力裂缝，最大最小水平主应力均为 40MPa，缝内压力为 42MPa，裂缝簇间距 d_3 为 40m，井间距 d_4 为 100m，变化邻井裂缝之间的横向缝间距 d_5 分别为 0m、10m、20m。

模拟结果如图 4.24 和图 4.25 所示，应力分布为水力裂缝产生的诱导应力，单位 Pa。由图可知，裂缝尖端对顶布缝方式在井间裂缝相互靠近时容易相交。实际压裂射孔时，井间裂缝并不可能完全对齐，裂缝之间的相对位置更贴近于图 4.24(b) 和图 4.24(c)。在这两幅图中，扩展初始阶段裂缝扩展主要受簇间干扰作用，裂缝扩展 25m 以后，扩展轨迹受到邻井裂缝干扰，最终导致裂缝尖端相互靠拢。

由此可见，井间裂缝不论是对顶分布还是交叉分布，裂缝尖端相遇时都有相互靠近的趋势。缝间距不是足够大时，布缝方式的改变并不能从根本上解决井间裂缝相交问题。

4.4.1.3　水平主应力差对裂缝形态的影响

本节分析水平主应力差对裂缝扩展轨迹的影响。初始模型与图 4.2(b) 相同，缝内压力为 42MPa，最大水平主应力为 40MPa。变化最小水平主应力模拟水平主应力差对裂缝转向的影响，模拟结果如图 4.26 所示，应力场分布为水力裂缝产生的诱导应力场 σ_{xy}，单位 Pa。

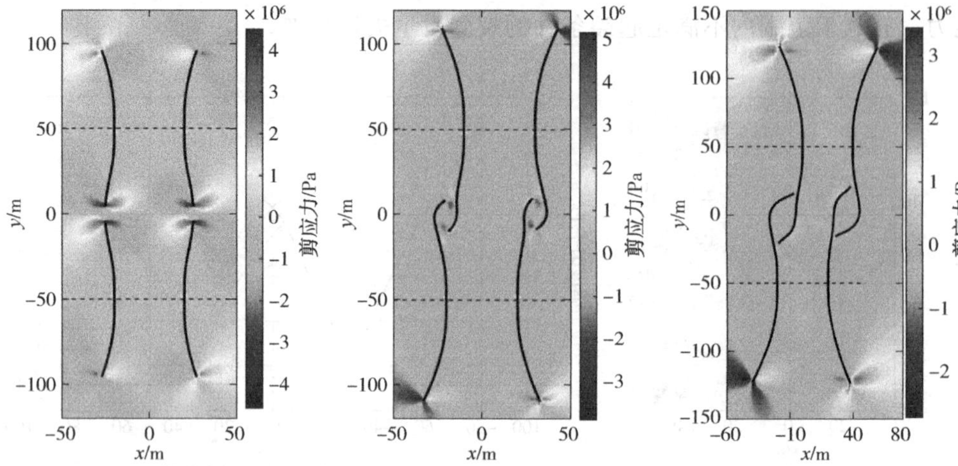

(a) d_5=0m (b) d_5=10m (c) d_5=20m

图 4.24 同步压裂剪应力 σ_{xy} 分布

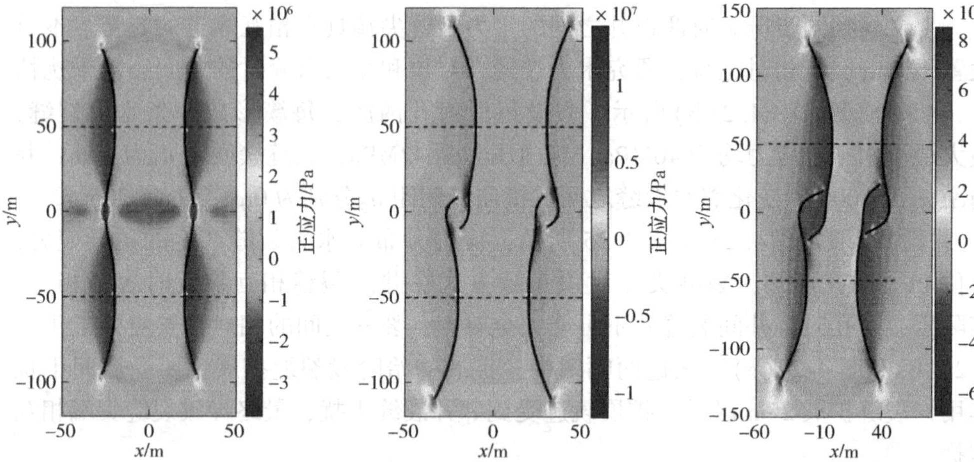

(a) d_5=0m (b) d_5=10m (c) d_5=20m

图 4.25 同步压裂沿正应力 σ_{yy} 分布

由图 4.26 可知，水平主应力差对同步压裂过程中裂缝转向影响较大。应力差为 4MPa 时，只有最外侧水力裂缝有微小偏转，基本不会存在裂缝之间的偏转和沟通现象。实际同步压裂过程中，为尽可能增大改造体积，往往需要进行井间交错布缝设计，以便于裂缝穿越井间中心位置后能继续向前扩展。但对于低水平主应力差储层，同步压裂并不是很适用，因为井间裂缝容易在互相靠近时产生相交。

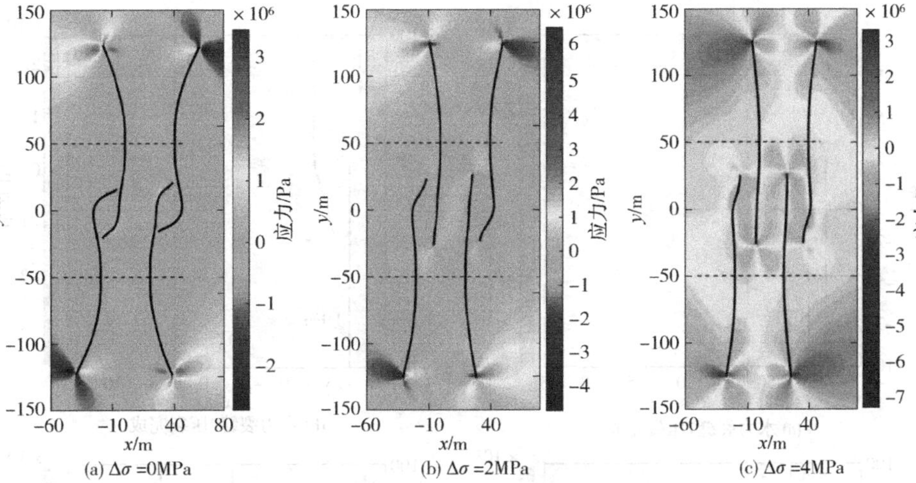

图 4.26 不同水平主应力差时的同步压裂裂缝扩展

4.4.2 拉链式压裂裂缝扩展研究

相对于同步压裂，拉链式压裂时水力裂缝扩展并不是同时进行的，而是一条一条顺序完成压裂。该过程中水力裂缝扩展产生的诱导应力变化特征已在 4.3.3 小节分析过。本节主要模拟研究拉链式压裂过程中的裂缝扩展形态，压裂顺序、射孔方向以及水平主应力方向如图 4.2(b)所示，两口水平井均垂直于最大水平主应力方向，裂缝 1~裂缝 5 表示压裂顺序。本例中先压裂水力裂缝 1，再压裂水力裂缝 2，依次压开 7 条水力裂缝。岩石力学参数见表 4.1，最大水平主应力为 40MPa，最小水平主应力为 36MPa，缝内压力为 40MPa。井间距 d_4为 80m，缝间距 d_5为 20m，缝间距 d_6为 40m。

模拟结果如图 4.27 所示，应力场为水力裂缝产生的诱导应力 σ_{yy}，单位 Pa。由图可知，拉链式压裂过程中，第 1 条水力裂缝在水平主应力作用下沿最大主应力方向直线扩展。压裂完成后会改变局部应力场分布，图 4.27(a)为裂缝 1(HF 1)即将停止压裂时产生的诱导应力分布。在此基础上进行水力裂缝 2 的压裂，模拟结果如图 4.27(b)所示，水力裂缝 2(HF 2)在局部应力场作用下向水力裂缝 1 发生偏转，后续对水力裂缝 3(HF 3)~水力裂缝 7(HF 7)进行压裂，模拟结果如图 4.27(c)和(d)所示，后续压裂中水力裂缝都趋向于相互靠拢，这种相互靠拢的趋势极容易造成水力裂缝相交，导致压裂过程中的井间干扰问题。

为了研究多井拉链式压裂过程中，井间距和缝间距对裂缝扩展轨迹的影响，建立了不同井间距和缝间距下的压裂模拟模型。

首先研究井间距对裂缝扩展轨迹的影响。在图 4.2(b)模型的基础上，基于图 4.27 中的模拟参数，分别变化井间距为 60m、80m、120m。

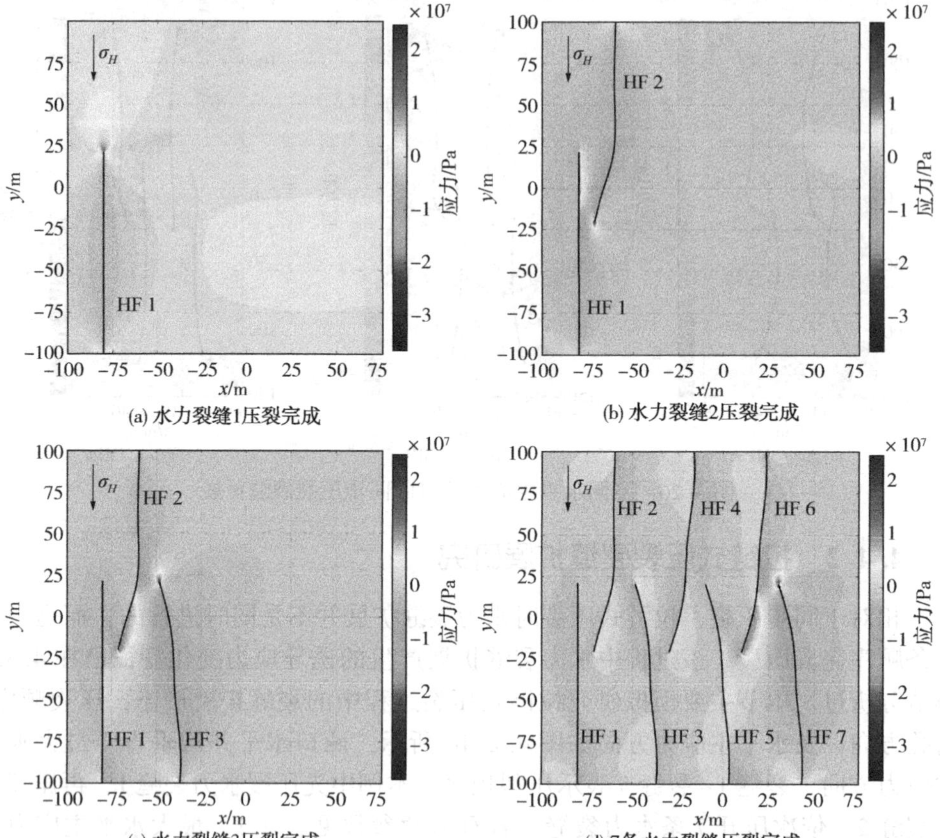

(a) 水力裂缝1压裂完成　(b) 水力裂缝2压裂完成

(c) 水力裂缝3压裂完成　(d) 7条水力裂缝压裂完成

图 4.27　裂缝形态和产生的诱导剪应力 σ_{xy}

模拟结果如图 4.28 所示，应力场为水力裂缝产生的诱导应力场 σ_{yy}，单位 Pa。由图可知，不同井间距下裂缝依然呈现相互靠拢趋势。即使将井间距扩大一倍，也未能有效抑制裂缝偏转。

其次研究相邻井裂缝缝间距对裂缝扩展轨迹的影响。在图 4.28 的数据和模型基础上，只对裂缝 1(HF 1)和裂缝 2(HF 2)进行压裂。分别变化井间距(d_4为 70m、80m、90m)、缝间距(d_5为 10m、20m、30m)，模拟结果如图 4.29 所示。

由图 4.29(a)可知，缝间距为 70m 时，对裂缝 2(HF 2)进行压裂，由于受到裂缝 1 的影响，裂缝 2 首先会向右背离裂缝 1(HF 1)的方向扩展 20m 左右，然后转向裂缝 1 扩展，而随着井间距的增大，背离趋势逐渐减弱。图 4.29(b)中变化缝间距，裂缝 2 的偏转也呈现出相类似的特征。综合图 4.29 可得，不论变化井间距还是缝间距，不同参数下裂缝 2 偏转角并未有显著变化，都不能有效解决水力裂缝向左偏转逼近裂缝 1 的问题。

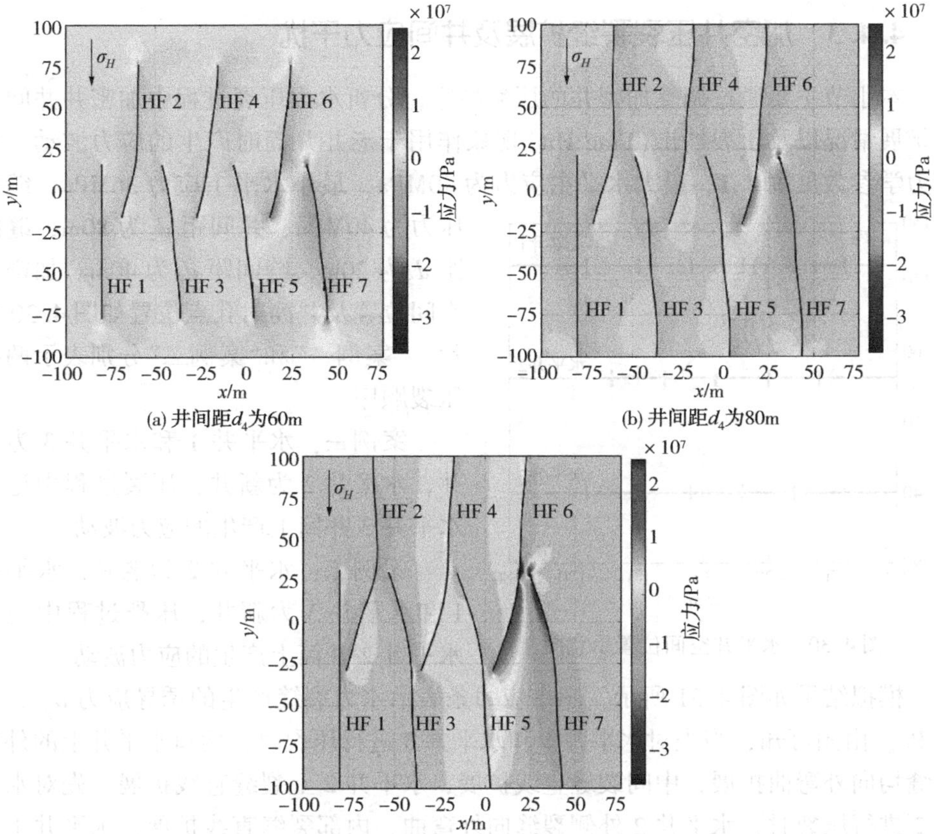

(a) 井间距d_4为60m

(b) 井间距d_4为80m

(c) 井间距d_4为120m

图 4.28 不同井间距时拉链式压裂裂缝扩展轨迹

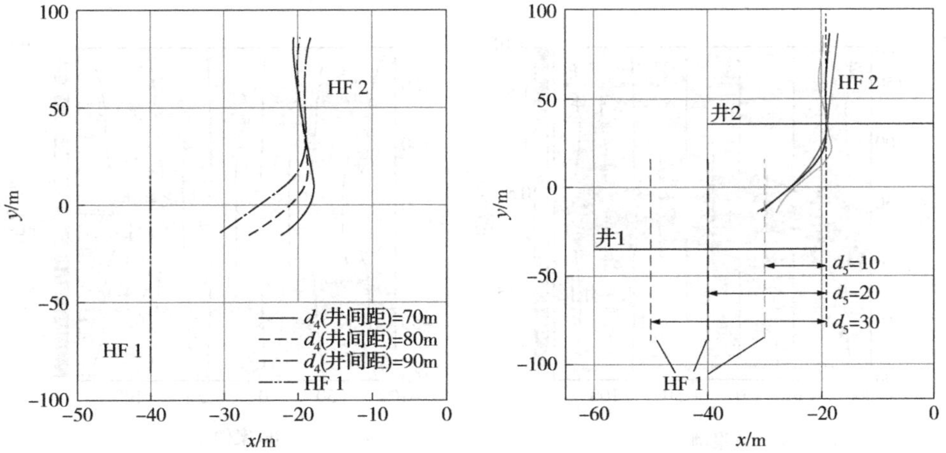

(a) 不同井间距

(b) 不同缝间距

图 4.29 井间干扰时的裂缝轨迹

4.4.3 加密井压裂裂缝扩展及井间应力干扰

本小节主要通过调整加密井的压裂顺序，分析水力压裂过程中加密井井间裂缝扩展情况以及压裂冲击(Frac Hit)现象作用于老井井筒时产生的应力波动。岩石力学参数见表4.1，最大水平主应力为40MPa，最小水平主应力36MPa，缝内压力为40MPa，井间距d_4为80m，缝间距d_5为20m，缝间距d_6为40m。加密井空间位置及井筒射孔点位置如图4.30所示。“案例一”和“案例二”分别表示两种压裂顺序。

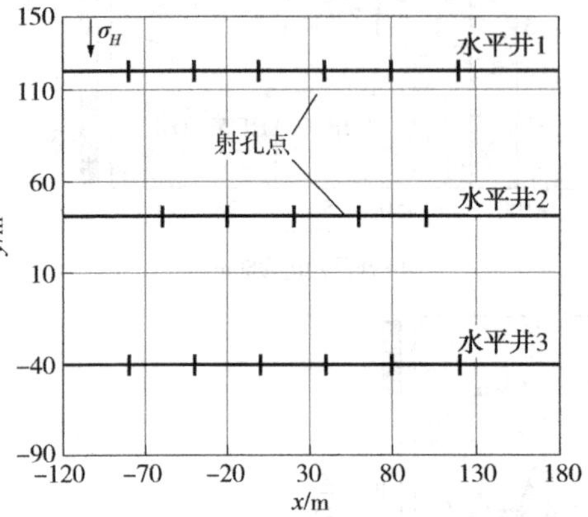

图4.30 水平井空间位置示意图

案例一：水平井1和水平井3为老井，水平井2为新井，压裂过程中记录水平井3井筒上产生的应力波动。

案例二：水平井2为老井，水平井1和水平井3为新井，压裂过程中记录水平井2井筒上产生的应力波动。

模拟结果如图4.31所示，图中应力条表示水力裂缝产生的诱导应力σ_{xx}，单位Pa。由图可知，当先对水平井1和水平井3进行压裂时，两口水平井上的外侧裂缝均向外弯曲扩展，中间裂缝直线扩展，水平井2上裂缝直线扩展。先对水平井2进行压裂时，水平井2外侧裂缝向外弯曲，内部裂缝直线扩展，水平井1和水平井3上裂缝有向中心靠拢的趋势。综上可知，老井水力裂缝会对新井裂缝产生“吸引”作用。案例一比案例二更容易压出直裂缝。

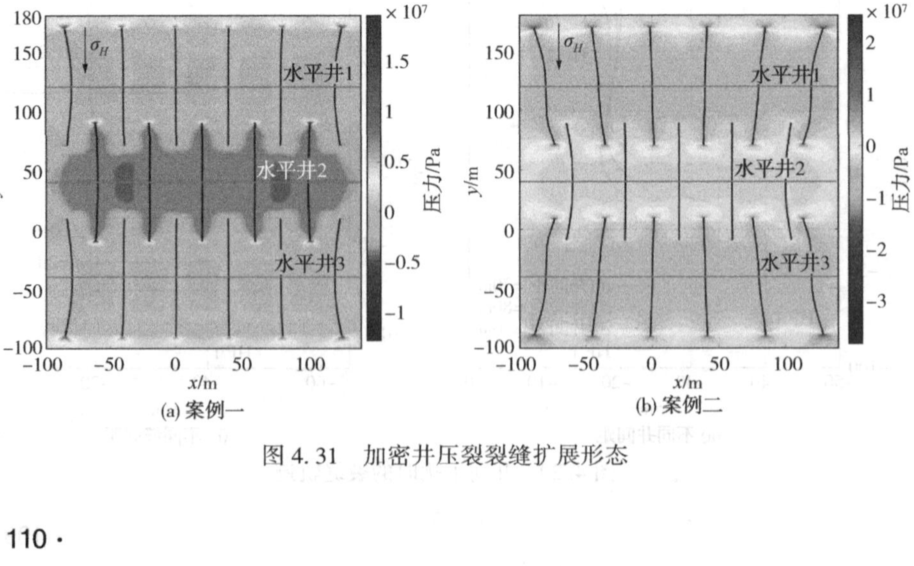

图4.31 加密井压裂裂缝扩展形态

为了评估“Frac Hits”现象作用于老井井筒时对老井井筒的损伤程度，对比分析了两种压裂顺序下老井井筒位置在整个压裂时间域上的应力变化，模拟结果如图 4.32 和图 4.33 所示，应力单位为 Pa。图中中间存在明显分界线，代表前一压裂阶段结束，后一压裂阶段开始。以图 4.32(a)为例进行说明，开始压裂时，水平井 1 和水平井 3 先进行压裂，由于裂缝扩展，水平井 3 井筒上应力 σ_{xx} 会出现波动，应力主体以压为主，压应力最大的点为射孔点。随着压裂迭代时间增加，裂缝逐渐向前扩展，井筒上 σ_{xx} 由于应力叠加趋于稳定。第一阶段压裂结束后关井，水平井 3 上缝内压力降低，裂缝收缩，导致井筒上应力 σ_{xx} 产生突变，图版上下出现分界线。继续进行水平井 2 的压裂，随着迭代时间增加，水平井 2 上的水力裂缝逐渐逼近水平井 3 的井筒，水平井 3 的井筒上重新产生应力波动，这种应力的起伏波动容易影响固井质量。同理，图 4.32(b)中垂直井筒方向的应力波动易造成井筒横断面的剪切损伤。图 4.33 为案例二中水平井 2 井筒受到的应力波动。

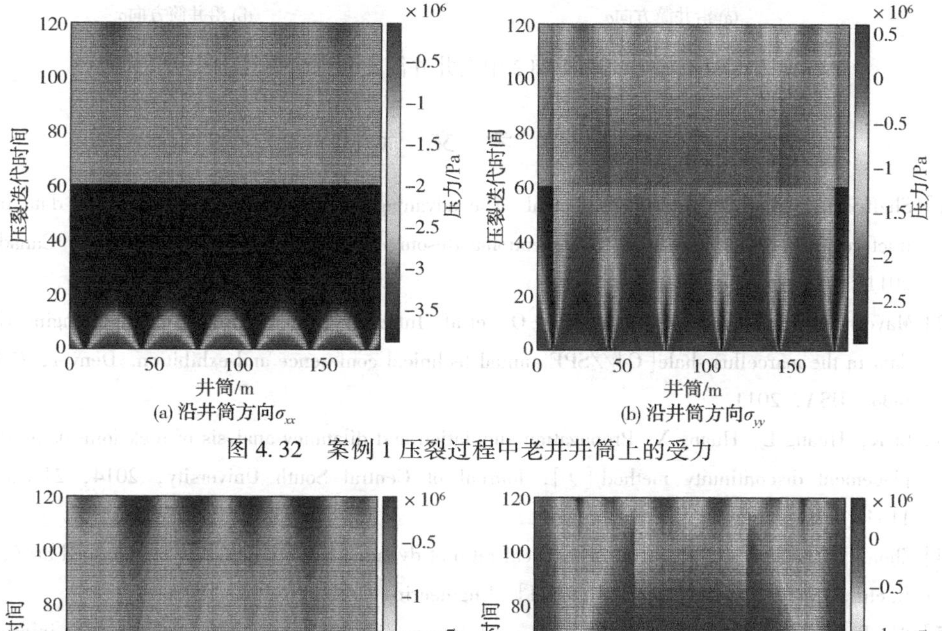

(a) 沿井筒方向σ_{xx}　　(b) 沿井筒方向σ_{yy}

图 4.32　案例 1 压裂过程中老井井筒上的受力

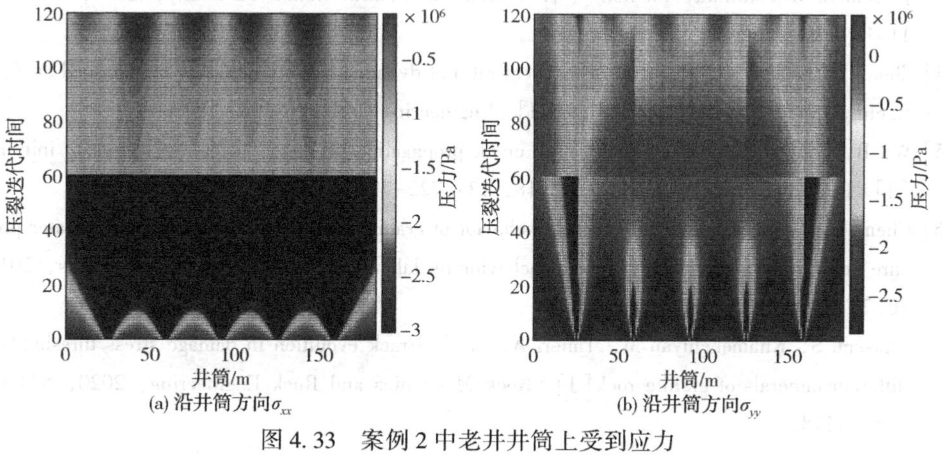

(a) 沿井筒方向σ_{xx}　　(b) 沿井筒方向σ_{yy}

图 4.33　案例 2 中老井井筒上受到应力

为了量化评价两种压裂方式的优劣，调用相同时刻下两种案例井筒上的应力分布，如图 4.34 所示。由图可知，案例 2 在老井上产生的应力波动比案例 1 更加明显，这导致老井套管更容易产生损伤。因此在加密井压裂中，案例 1 的压裂顺序优于案例 2。

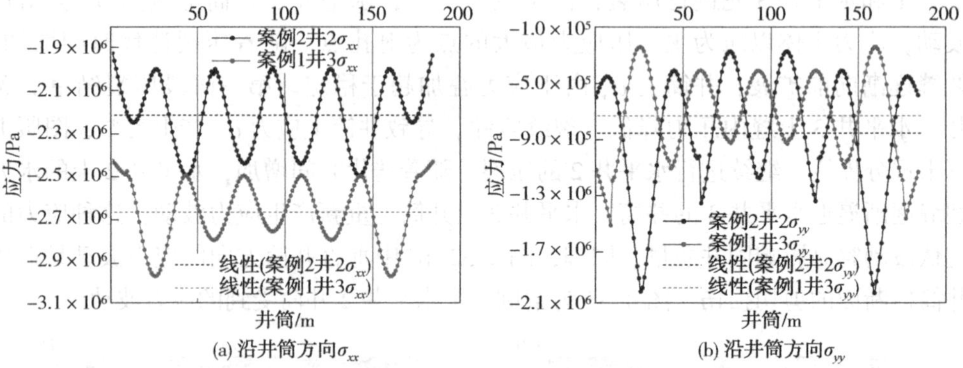

图 4.34 案例 1 和 2 中老井井筒上受到应力对比

参 考 文 献

[1] Shaffner J, Cheng A, Simms S, et al. The advantage of incorporating microseismic data into fracture models[C]//Canadian Unconventional Resources Conference. Calgary, Alberta, Canada, 2011.

[2] Mayerhofer M J, Stegent N A, Barth J O, et al. Integrating fracture diagnostics and engineering data in the marcellus shale[C]//SPE annual technical conference and exhibition. Denver, Colorado, USA, 2011.

[3] Li K, Huang L, Huang X. Propagation simulation and dilatancy analysis of rock joint using displacement discontinuity method[J]. Journal of Central South University, 2014, 21(3): 1184-1189.

[4] Zhou J, Zhang L, Qi S, et al. Empirical ratio of dynamic to static stiffness for propped artificial fractures under variable normal stress[J]. Engineering Geology, 2020, 273.

[5] Wu B, Tang K. Modelling of dynamic crack propagation on concrete matrix-aggregate interface [J]. Procedia Structural Integrity, 2018, 13: 722-727.

[6] Cheng C, Li X, Li S, et al. Failure behavior of granite affected by confinement and water pressure and its influence on the seepage behavior by laboratory experiments[J]. Materials, 2017, 10(7): 798.

[7] Ghasemi S, Khamehchiyan M, Taheri A, et al. Crack evolution in damage stress thresholds in different minerals of granite rock[J]. Rock Mechanics and Rock Engineering, 2020, 53(3): 1163-1178.

第5章 水力压裂裂缝相互作用及缝网演化机理

前文主要研究了分段多簇压裂、多井同步压裂及拉链式压裂过程中，水力裂缝在不同地质因素、施工因素下的扩展机理，为裂缝扩展轨迹分析提供了理论基础。在上述研究过程中，假设储层为连续均匀介质，讨论了各因素对水力裂缝轨迹的影响。但在实际储层中，岩石是在宏观上连续，微观上不连续的，具有复杂的不连续性和非均质性，具体表现为断层、节理、微裂隙、孔隙等微损伤发育，如图5.1(a)所示，图中BP表示层理面，NF代表天然裂缝。由声发射实验观测到，水力压裂过程中，声发射事件在扩展水力裂缝附近区域呈现出散发分布的特征如图5.1(b)所示，在现场实地微地震监测中也可观测到类似情况如图5.1(c)所示。这表明在水力压裂过程中，即使水力裂缝未与储层天然裂缝连通，但扩展过程中产生的诱导地应力会诱使储层天然裂缝产生剪切滑移。随着诱导地应力的不断变化，天然裂缝可能发生持续扩展并相互沟通，最终形成较大的天然裂缝带如图5.1(d)所示，导致水力裂缝的扩展轨迹发生改变。

为了分析天然裂缝对水力裂缝轨迹的影响，本章引入裂缝相交判别准则，并耦合水力裂缝和天然裂缝变形计算模型，建立可用于模拟储层水力压裂过程中水力裂缝和天然裂缝起裂扩展的计算模型。从理论分析、数值模拟、实验验证三个方面分别对水力裂缝与天然裂缝的相交机制、轨迹相互作用机理及复杂裂缝网络的形成机理进行研究。相比以往针对复杂裂缝网络扩展的模拟，本章计算模型可模拟诱导应力作用下，天然裂缝自发剪切滑移，并相互沟通形成大的天然裂缝的过程。

5.1 储层裂缝相互作用计算模型

对水力裂缝和天然裂缝扩展部分的计算模型已经分别在第2章和第3章进行讨论。以下将重点建立天然裂缝和水力裂缝耦合作用下的裂缝网络变形控制方程以及裂缝间相互逼近时的相交判别模型。

5.1.1 裂缝网络变形控制方程

在水力压裂过程中，裂缝面内外受力需要达到平衡。对水力裂缝，内裂缝面受到压裂液作用，外裂缝面不仅受到地应力作用，也受到其他裂缝产生的诱导应力作用。可表示为：

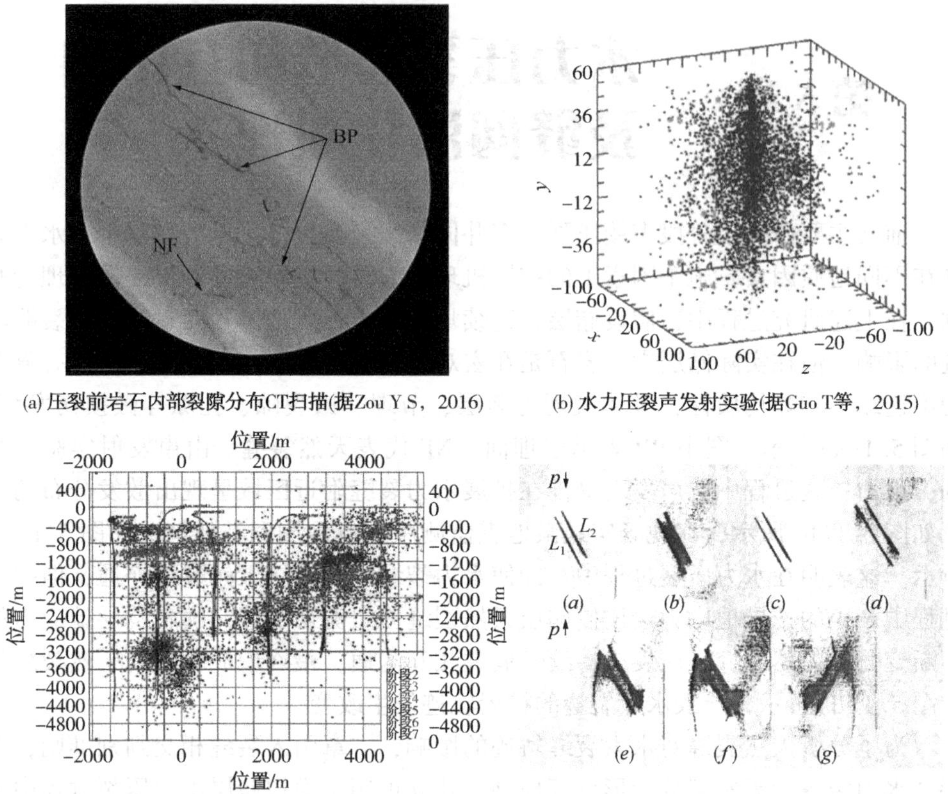

(a) 压裂前岩石内部裂隙分布CT扫描(据Zou Y S，2016)　(b) 水力压裂声发射实验(据Guo T等，2015)

(c) 水力压裂过程中微地震事件分布(据Guo T等，2019)　(d) 微裂隙聚结沟通(据滕春凯等，2001)

图 5.1　储层微裂隙分布及失稳

$$\begin{cases}\sigma_{\text{int\_HF}}=P_f\\ \sigma_{\text{ext\_HF}}=(\sigma)_0^{\infty}+\sigma'\end{cases} \tag{5.1}$$

式中，$\sigma_{\text{int_HF}}$为水力裂缝内裂缝面受力，Pa；$\sigma_{\text{ext_HF}}$为水力裂缝外裂缝面受力，Pa；σ'为由其他裂缝产生的诱导应力，Pa；$(\sigma)_0^{\infty}$为作用在裂缝面的原始地应力，Pa。

在水力裂缝与天然裂缝相交前，天然裂缝内不存在压裂液作用力，但存在摩擦力和刚性支撑力。外裂缝面同样受到地应力和其他裂缝产生的诱导作用力。可表示为：

$$\begin{cases}\sigma_{\text{int\_nat}}=\sigma_{\text{frict}}+\sigma_{\text{stiff}}\\ \sigma_{\text{ext\_nat}}=(\sigma)_0^{\infty}+\sigma'\end{cases} \tag{5.2}$$

式中，$\sigma_{\text{int_nat}}$为天然裂缝内裂缝面受力，Pa；$\sigma_{\text{ext_nat}}$为天然裂缝外裂缝面受力，Pa；σ'为由其他裂缝产生的诱导应力，Pa；σ_{frict}为裂缝面摩擦产生的作用力，Pa；σ_{stiff}为天然裂缝刚性支撑力，Pa。

储层天然裂缝在原始地层条件下通常是处于稳定状态的，即不发生失稳扩展。水力压裂时，水力裂缝扩展会打破局部地应力场中的应力平衡，导致天然裂缝失稳扩展。为了研究水力压裂过程中应力扰动对天然裂缝失稳的影响，首先建立压裂过程中水力裂缝变形方程。将水力裂缝离散为 N_HF 个不连续单元，单元初始边界条件可表示为：

$$\sigma_{\mathrm{HF}}^{i}=\sigma_{\mathrm{int\_HF}}+\sigma_{\mathrm{ext\_HF}}(i=s,\ n) \tag{5.3}$$

依据公式(2.37)，水力裂缝变形控制方程可表示为：

$$\begin{bmatrix} \overline{\boldsymbol{A}_{ss}}\boldsymbol{G}^{ij} & \overline{\boldsymbol{A}_{sn}}\boldsymbol{G}^{ij} \\ \overline{\boldsymbol{A}_{ns}}\boldsymbol{G}^{ij} & \overline{\boldsymbol{A}_{nn}}\boldsymbol{G}^{ij} \end{bmatrix}\begin{bmatrix} \overline{\boldsymbol{D}_s} \\ \overline{\boldsymbol{D}_n} \end{bmatrix}=\begin{bmatrix} \boldsymbol{\sigma}_{s\_HF} \\ \boldsymbol{\sigma}_{n\_HF} \end{bmatrix}(i,\ j=1,\ 2,\ \cdots,\ N\_HF) \tag{5.4}$$

式中，$\overline{\boldsymbol{D}_s}$、$\overline{\boldsymbol{D}_n}$分别为 $N\_HF\times 1$ 的一维矩阵，表示离散人工裂缝单元法向和切向位移；$\boldsymbol{G}^{ij}$为修正系数；$\overline{\boldsymbol{A}_{ss}}$、$\overline{\boldsymbol{A}_{sn}}$、$\overline{\boldsymbol{A}_{ns}}$、$\overline{\boldsymbol{A}_{nn}}$分别为 $N\_HF\times N\_HF$ 的系数矩阵，具体展开式如下：

$$\overline{\boldsymbol{A}_{ss}}=\begin{bmatrix} A_{ss}^{11} & A_{ss}^{12} & \cdots & A_{ss}^{1,N\_HF} \\ A_{ss}^{21} & A_{ss}^{22} & & A_{ss}^{2,N\_HF} \\ \vdots & & \ddots & \vdots \\ A_{ss}^{N_{HF},1} & A_{ss}^{N_{HF},2} & \cdots & A_{ss}^{N\_HF,N\_HF} \end{bmatrix}\overline{\boldsymbol{A}_{sn}}=\begin{bmatrix} A_{sn}^{11} & A_{sn}^{12} & \cdots & A_{sn}^{1,N\_HF} \\ A_{sn}^{21} & A_{sn}^{22} & & A_{sn}^{2,N\_HF} \\ \vdots & & \ddots & \vdots \\ A_{sn}^{N_{HF},1} & A_{sn}^{N_{HF},2} & \cdots & A_{sn}^{N\_HF,N\_HF} \end{bmatrix}$$

$$\overline{\boldsymbol{A}_{ns}}=\begin{bmatrix} A_{ns}^{11} & A_{ns}^{12} & \cdots & A_{ns}^{1,N\_HF} \\ A_{ns}^{21} & A_{ns}^{22} & & A_{ns}^{2,N\_HF} \\ \vdots & & \ddots & \vdots \\ A_{ns}^{N\_HF,1} & A_{ns}^{N\_HF,2} & \cdots & A_{ns}^{N\_HF,N\_HF} \end{bmatrix}\overline{\boldsymbol{A}_{nn}}=\begin{bmatrix} A_{nn}^{11} & A_{nn}^{12} & \cdots & A_{nn}^{1,N\_HF} \\ A_{nn}^{21} & A_{nn}^{22} & & A_{nn}^{2,N\_HF} \\ \vdots & & \ddots & \vdots \\ A_{nn}^{N_{HF},1} & A_{nn}^{N_{HF},2} & \cdots & A_{nn}^{N\_HF,N\_HF} \end{bmatrix}$$

$$\overline{\boldsymbol{D}_s}=\begin{bmatrix} D_s^1 \\ D_s^2 \\ \vdots \\ D_s^{N\_HF} \end{bmatrix}\qquad \overline{\boldsymbol{D}_n}=\begin{bmatrix} D_n^1 \\ D_n^2 \\ \vdots \\ D_n^{N\_HF} \end{bmatrix}$$

$$\boldsymbol{\sigma}_{s\_HF}=\begin{bmatrix} -\dfrac{1}{2}(\sigma_h-\sigma_H)\sin 2\theta_1 \\ -\dfrac{1}{2}(\sigma_h-\sigma_H)\sin 2\theta_2 \\ \vdots \\ -\dfrac{1}{2}(\sigma_h-\sigma_H)\sin 2\theta_{N\_HF} \end{bmatrix}\boldsymbol{\sigma}_{n\_HF}=\begin{bmatrix} P_{f1}-\sigma_h\sin^2\theta_1-\sigma_H\cos^2\theta_1 \\ P_{f2}-\sigma_h\sin^2\theta_2-\sigma_H\cos^2\theta_2 \\ \vdots \\ P_{fN\_HF}-\sigma_h\sin^2\theta_{N\_HF}-\sigma_H\cos^2\theta_{N\_HF} \end{bmatrix}$$

式中，$A_{ss}^{N\_HF,N\_HF}$、$A_{sn}^{N\_HF,N\_HF}$、$A_{nn}^{N\_HF,N\_HF}$、$A_{ns}^{N_HF,N_HF}$为应力边界影响系数，与离散后的人工裂缝单元坐标相关，表示第 N_HF 个离散人工裂缝单元对第N_HF个离散人工裂缝单元产生的作用力，Pa。

同理，对于天然裂缝变形，依据公式(3.22)，变形方程可表示为如下：

$$\begin{bmatrix} \overline{\boldsymbol{A}_{ss}}\boldsymbol{G}^{kl} & \overline{\boldsymbol{A}_{sn}}\boldsymbol{G}^{kl} \\ \overline{\boldsymbol{A}_{ns}}\boldsymbol{G}^{kl} & \overline{\boldsymbol{A}_{nn}}\boldsymbol{G}^{kl} \end{bmatrix} \begin{bmatrix} \overline{\boldsymbol{D}_s} \\ \overline{\boldsymbol{D}_n} \end{bmatrix} = \begin{bmatrix} \boldsymbol{\sigma}_{s\_nat} \\ \boldsymbol{\sigma}_{n\_nat} \end{bmatrix} (i,\ j=1,\ 2,\ \cdots,\ N\_nat) \tag{5.5}$$

式中，$\overline{\boldsymbol{A}_{ss}}$、$\overline{\boldsymbol{A}_{sn}}$、$\overline{\boldsymbol{A}_{ns}}$、$\overline{\boldsymbol{A}_{nn}}$分别为 $N\_nat\times N\_nat$ 的系数矩阵，矩阵形式与水力裂缝相同；$\overline{\boldsymbol{D}_s}$、$\overline{\boldsymbol{D}_n}$分别为 $N\_nat\times1$ 的一维矩阵；$\boldsymbol{\sigma}_{s\_nat}$、$\boldsymbol{\sigma}_{n_nat}$的展开形式如下：

$$\boldsymbol{\sigma}_{s\_nat} = \begin{bmatrix} C-\mu\sigma_{n\_nat}^{1}-\dfrac{1}{2}(\sigma_h-\sigma_H)\sin 2\theta_1 \\ C-\mu\sigma_{n\_nat}^{2}-\dfrac{1}{2}(\sigma_h-\sigma_H)\sin 2\theta_2 \\ \vdots \\ C-\mu\sigma_{n\_nat}^{N\_nat}-\dfrac{1}{2}(\sigma_h-\sigma_H)\sin 2\theta_{N\_nat} \end{bmatrix}$$

$$\boldsymbol{\sigma}_{n\_nat} = \begin{bmatrix} K_n D_n^1-\sigma_h\sin^2\theta_1-\sigma_H\cos^2\theta_1 \\ K_n D_n^2-\sigma_h\sin^2\theta_2-\sigma_H\cos^2\theta_2 \\ \vdots \\ K_n D_n^{N\_nat}-\sigma_h\sin^2\theta_{N\_nat}-\sigma_H\cos^2\theta_{N\_nat} \end{bmatrix}$$

储层天然裂缝和人工裂缝发生变形破坏时是相互影响的，即使两者不相交，也存在一定的应力干扰。需要将水力压裂时地应力作用下的人工裂缝变形控制方程和天然裂缝变形控制方程纳入同一个方程组进行统一求解，通过该方式可实现对人工裂缝与天然裂缝变形时耦合作用的考虑。研究域内所有离散裂缝单元变形控制方程可表示为如下形式：

$$\begin{bmatrix} \overline{\boldsymbol{H}_{ss}}\boldsymbol{G}^{ij} & \overline{\boldsymbol{H}_{sn}}\boldsymbol{G}^{ij} \\ \overline{\boldsymbol{H}_{ns}}\boldsymbol{G}^{ij} & \overline{\boldsymbol{H}_{nn}}\boldsymbol{G}^{ij} \end{bmatrix} \begin{bmatrix} \overline{\boldsymbol{D}_s} \\ \overline{\boldsymbol{D}_n} \end{bmatrix} = \begin{bmatrix} \boldsymbol{\sigma}_s \\ \boldsymbol{\sigma}_n \end{bmatrix} (i,\ j=1,\ 2,\ \cdots,\ N\_HF+N\_nat) \tag{5.6}$$

式中，$\overline{\boldsymbol{H}_{ss}}$、$\overline{\boldsymbol{H}_{sn}}$、$\overline{\boldsymbol{H}_{ns}}$、$\overline{\boldsymbol{H}_{nn}}$分别为$(N_nat+N_HF)\times(N_nat+N_HF)$的影响系数矩阵，以$\overline{\boldsymbol{H}_{ss}}$为例，耦合方式通过系数矩阵展开式可表示为如下形式：

$$\overline{\boldsymbol{H}_{ss}}=\begin{bmatrix} H_{ss}^{11} & H_{ss}^{12} & \cdots & H_{ss}^{1,N\_HF} & \cdots & H_{ss}^{1,N\_HF+N\_nat} \\ H_{ss}^{21} & H_{ss}^{22} & & H_{ss}^{2,N\_HF} & & H_{ss}^{2,N\_HF+N\_nat} \\ \vdots & & \ddots & \vdots & & \vdots \\ H_{ss}^{N\_HF,1} & H_{ss}^{N\_HF,2} & \cdots & H_{ss}^{N\_HF,N\_HF} & \cdots & H_{ss}^{N\_HF,N\_HF+N\_HF} \\ H_{ss}^{N\_HF+1,1} & H_{ss}^{N\_HF+1,2} & & H_{ss}^{N\_HF+1,N\_HF} & & H_{ss}^{N\_HF+1,N\_HF+N\_nat} \\ H_{ss}^{N\_HF+2,1} & H_{ss}^{N\_HF+2,2} & \cdots & H_{ss}^{N\_HF+2,N\_HF} & \cdots & H_{ss}^{N\_HF+2,N\_HF+N\_nat} \\ \vdots & & \ddots & & & \\ H_{ss}^{N\_HF+N\_nat,1} & H_{ss}^{N\_HF+N\_nat,2} & \cdots & H_{ss}^{N\_HF+N\_nat,N\_HF} & \cdots & H_{ss}^{N\_HF+N\_nat,N\_HF+N\_nat} \end{bmatrix}$$

式中，$H_{ss}^{N_HF+N_nat,N_HF}$表示第 N_HF 个离散人工裂缝单元对第 N_HF+N_nat 个离散天然裂缝单元产生的作用力，Pa。

$\overline{\boldsymbol{D}_s}$、$\overline{\boldsymbol{D}_n}$扩充为$(N_nat+N_HF)\times 1$ 的一维矩阵；$\boldsymbol{\sigma}_s$ 和 $\boldsymbol{\sigma}_n$ 满足条件：

$$\begin{bmatrix}\sigma_s^i \\ \sigma_n^i\end{bmatrix}\begin{cases} =\begin{bmatrix}\sigma_{s\_HF}^i \\ \sigma_{n\_HF}^i\end{bmatrix} & 1\leqslant i\leqslant N\_HF \\ =\begin{bmatrix}\sigma_{s\_nat}^i \\ \sigma_{n\_nat}^i\end{bmatrix} & (N\_HF+1)\leqslant i\leqslant (N\_HF+N\_nat)\end{cases} \tag{5.7}$$

变形方程求解过程中，根据注液压力和最大、最小水平主应力计算域内离散人工裂缝单元和离散天然裂缝单元的不连续位移量 D_n 和 D_s；通过离散天然裂缝单元的 D_n 和 D_s 求解离散天然裂缝单元切向应力和法向应力；若离散天然裂缝单元满足滑移条件，剪应力为屈服极限，若不满足滑移条件，剪应力为总应力减去弹性贡献；循环计算直至所有离散裂缝单元不连续位移量满足精度要求，即：$|D_{t+1}-D_t|<\varepsilon$。

式中，ε 为误差值，取 1×10^{-5}m；t 为迭代计算步。

采用最大周向应力准则对人工裂缝和天然裂缝尖端破裂情况进行判断，具体参考第 2 章 2.4.2 小节。针对多裂缝的变形求解方法参考第 4 章 4.1 小节和 4.2 小节，不同点在于处理天然裂缝起裂时，认为天然裂缝面为零厚度刚性支撑。

5.1.2 裂缝面相交判别

对于裂缝面相交这个问题，已进行了大量的物理模拟实验。以往的研究表明，当天然裂缝面处于适度受压状态时，随着水力裂缝尖端的逼近，天然裂缝面的张开和滑动行为会降低裂缝尖端应力集中效应，并导致水力裂缝尖端停止扩展。若作用于天然裂缝面的压应力或胶结力能够充分抑制裂缝面的张开和滑移，水力裂缝就有可能穿透天然裂缝；反之若天然裂缝面产生滑移，则不发生穿透行为。天然裂缝面滑移判别条件可表示为如下形式：

$$|\sigma_s|<C+\mu\sigma_n \tag{5.8}$$

式中，σ_s为作用于天然裂缝面的切向应力，Pa；C为天然裂缝面黏聚力，Pa；μ为摩擦系数；σ_n为作用于天然裂缝面的法向应力，Pa。

水力裂缝在逼近天然裂缝面时，在水力裂缝尖端一定范围内会产生诱导应力。Dollar 等认为当裂缝的驱动力为拉伸力时，裂缝在与天然裂缝面接触时尖端不存在应力奇异点，该现象极大地降低了裂缝尖端区域的应力集中情况。同时由裂缝尖端在天然裂缝面另一侧面产生的诱导应力，在水力裂缝和天然裂缝相交以前已经达到最大，此时若裂缝尖端与天然裂缝面的距离为δ，则δ远小于裂缝长度的一半。Lam 等提出裂缝间穿透行为并不是通过水力裂缝在天然裂缝面上的连续扩展形成，而是由于摩擦面的另一侧小凸起或者缺口性裂缝的起裂造成的。基于此，Renshaw 等认为水力裂缝与天然裂缝面接触前天然裂缝面已发生剪切或已在天然裂缝壁面诱导生成新的压裂裂缝，并建立了Ⅰ型正交裂缝的穿透判别准则：如果垂直于摩擦面的压应力足以防止天然裂缝面产生滑移，且水力裂缝尖端前方的应力足以在天然裂缝面的另一侧启动裂缝，那么就会发生裂缝间相交穿透现象。Gu 在 Renshaw 正交裂缝穿透模型的基础上，建立了裂缝间斜交时的穿透判别准则，穿透时的裂缝面受力示意图如图 5.2 所示。裂缝诱使天然裂缝面的另外一侧开裂的力学判别条件为：

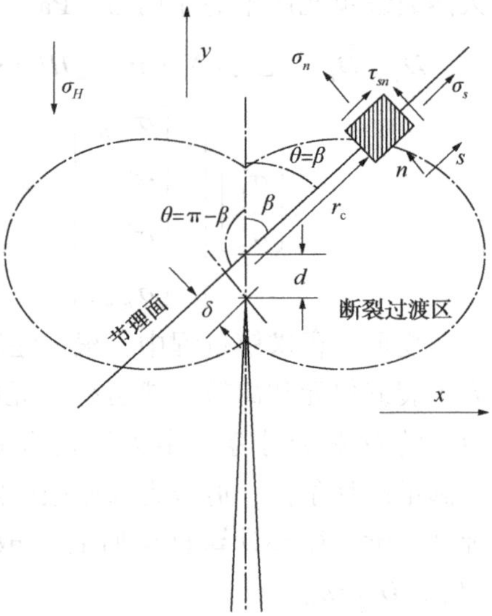

图 5.2 裂缝穿透时的受力示意图

$$T_{(r_c,\ \theta)}>T_0 \tag{5.9}$$

式中，T_0为岩石抗拉强度，Pa；$T_{(r_c,\ \theta)}$为作用于天然裂缝面最大主应力，Pa。

由于求解裂缝尖端应力时有 $1/r$ 项的存在，导致在数学计算上裂缝尖端应力存在奇异性。在实际情况中，裂缝尖端应力不可能无限大，而是存在塑性断裂过渡区，断裂力学中通常认为，裂缝尖端在该区域内产生的应力小于或等于r_c处的应力($\delta\ll r_c$)，其塑性区范围与裂缝尺寸相比极小，属于小范围屈服($r_c\ll 2a$)。

具体的，假设岩石为均质各向同性，裂缝尖端应力可通过线弹性断裂力学理论求得，裂缝尖端逼近天然裂缝面时，作用在天然裂缝面上的应力可表示为：

$$\begin{Bmatrix}\sigma_{xx}\\\sigma_{yy}\\\sigma_{xy}\end{Bmatrix}=\begin{Bmatrix}\sigma_{xx}^{\infty}(r_c,\ \beta)\\\sigma_{yy}^{\infty}(r_c,\ \beta)\\\sigma_{xy}^{\infty}(r_c,\ \beta)\end{Bmatrix}+\begin{Bmatrix}\sigma_{xx}^{c}(r_c,\ \theta)\\\sigma_{yy}^{c}(r_c,\ \theta)\\\sigma_{xy}^{c}(r_c,\ \theta)\end{Bmatrix}=\begin{Bmatrix}\sigma_{h}\\\sigma_{H}\\0\end{Bmatrix}+\begin{Bmatrix}\sigma_{xx}^{c}(r_c,\ \theta)\\\sigma_{yy}^{c}(r_c,\ \theta)\\\sigma_{xy}^{c}(r_c,\ \theta)\end{Bmatrix} \tag{5.10}$$

式中，r_c为岩石的非弹性行为的临界半径，m；β 为天然裂缝面与最大水平主应力方向夹角，(°)；θ 为域内任一点与裂缝尖端连线和最大水平主应力的夹角，(°)；$\sigma_{i,j}^{\infty}(i,\ j=x,\ y)$为由远场地应力在天然裂缝面上产生的作用力，Pa；$\sigma_{i,j}^{c}(i,\ j=x,\ y)$为裂缝尖端作用在天然裂缝面上的应力，Pa。

由裂缝尖端应力求解公式(2.4.1 小节)可知，$\sigma_{i,j}^{c}$可表示为：

$$\begin{cases}\sigma_{xx}^{c}=\dfrac{K_{\mathrm{I}}}{\sqrt{2\pi r_c}}\cos\dfrac{\theta}{2}\left(1-\sin\dfrac{\theta}{2}\sin\dfrac{3\theta}{2}\right)-\dfrac{K_{\mathrm{II}}}{\sqrt{2\pi r_c}}\sin\dfrac{\theta}{2}\left(2+\cos\dfrac{\theta}{2}\cos\dfrac{3\theta}{2}\right)\\\sigma_{yy}^{c}=\dfrac{K_{\mathrm{I}}}{\sqrt{2\pi r_c}}\cos\dfrac{\theta}{2}\left(1+\sin\dfrac{\theta}{2}\sin\dfrac{3\theta}{2}\right)+\dfrac{K_{\mathrm{II}}}{\sqrt{2\pi r_c}}\cos\dfrac{\theta}{2}\sin\dfrac{\theta}{2}\cos\dfrac{3\theta}{2}\\\sigma_{xy}^{c}=\dfrac{K_{\mathrm{I}}}{\sqrt{2\pi r_c}}\cos\dfrac{\theta}{2}\sin\dfrac{\theta}{2}\cos\dfrac{3\theta}{2}+\dfrac{K_{\mathrm{II}}}{\sqrt{2\pi r_c}}\cos\dfrac{\theta}{2}\left(1-\sin\dfrac{\theta}{2}\sin\dfrac{3\theta}{2}\right)\end{cases} \tag{5.11}$$

在裂缝尖端诱导应力和地应力共同作用下，沿天然裂缝面和垂直于天然裂缝面的应力可表示为：

$$\begin{cases}\sigma_{n}=\dfrac{\sigma_{xx}+\sigma_{yy}}{2}-\dfrac{\sigma_{yy}-\sigma_{xx}}{2}\cos2\beta-\sin2\beta\ \sigma_{xy}\\\sigma_{s}=-\dfrac{\sigma_{yy}-\sigma_{xx}}{2}\sin2\beta+\cos2\beta\ \sigma_{xy}\end{cases} \tag{5.12}$$

此时天然裂缝面 r_c处受到的最大主应力 $T_{(r_c,\ \theta)}$可表示为：

$$T_{(r_c,\theta)}=\frac{\sigma_{xx}+\sigma_{yy}}{2}+\sqrt{\frac{(\sigma_{xx}-\sigma_{yy})^2}{4}+\sigma_{xy}^{\ 2}} \tag{5.13}$$

将公式(5.13)代入公式(5.9)可得：

$$\frac{\sigma_{xx}+\sigma_{yy}}{2}+\sqrt{\frac{(\sigma_{xx}-\sigma_{yy})^2}{4}+\sigma_{xy}^{\ 2}}>T_0 \tag{5.14}$$

取 $\theta=\beta$ 或 $\theta=\pi-\beta$，联立公式(5.10)和公式(5.13)可求得 r_c。将计算得到的r_c代入公式(5.12)计算天然裂缝面受到的切向应力和法向应力。为了使裂缝能够起裂扩展，需要保证作用在天然裂缝面上的应力不引起单元面滑移，这样才能使断裂尖端的应力通过单元面传递，具体通过公式(5.8)判断。若发生滑移则人工裂缝不能穿透天然裂缝面，反之再将计算得到的裂缝面上的切向应力和法向应力代入公式(2.61)，判断是否发生穿透。

由最大拉应力准则知，裂缝穿透天然裂缝面后的扩展方向是沿垂直于离散裂缝单元最大主应力方向扩展的，裂缝穿透时的裂缝扩展方向可表示为：

$$\theta=\frac{1}{2}\cdot\arctan\left(\frac{2\sigma_{xy}}{\sigma_{yy}-\sigma_{xx}}\right)+\frac{\pi}{2} \tag{5.15}$$

该计算角度只在水力裂缝穿透天然裂缝时进行一次运算。水力裂缝穿透天然裂缝面后，裂缝的扩展方向通过最大周向应力准则求解。

5.1.3 计算流程

本章包含水力裂缝和天然裂缝变形耦合求解和扩展计算。具体求解过程如图5.3所示：(1)输入初始参数，如最大水平主应力、最小水平主应力、杨氏模量、泊松比、断裂韧性、裂缝条数、裂缝间距、缝内压力、射孔深度、射孔角度等；(2)不连续面离散化处理，将域内天然裂缝和水力裂缝离散为不连续单元；(3)根据初始载荷计算裂缝单元的不连续位移量 D_n 和 D_s；(4)通过 D_n 和 D_s 求解裂缝单元切向应力和法向应力；(5)若天然裂缝单元满足滑移条件，剪应力为屈服极限，若不满足滑移条件，剪应力为总应力减去弹性贡献；(6)循环计算直至 D^i 满足精度要求；(7)当天然裂缝和水力裂缝单元尖端满足断裂条件时，离散裂缝单元数相应增加；(8)若天然裂缝和水力裂缝均不满足扩展条件，停止计算，否则判断迭代时间是否大于预设时间；(9)当迭代时间步达到预设时间步时，停止计算，否则返回步骤(2)。

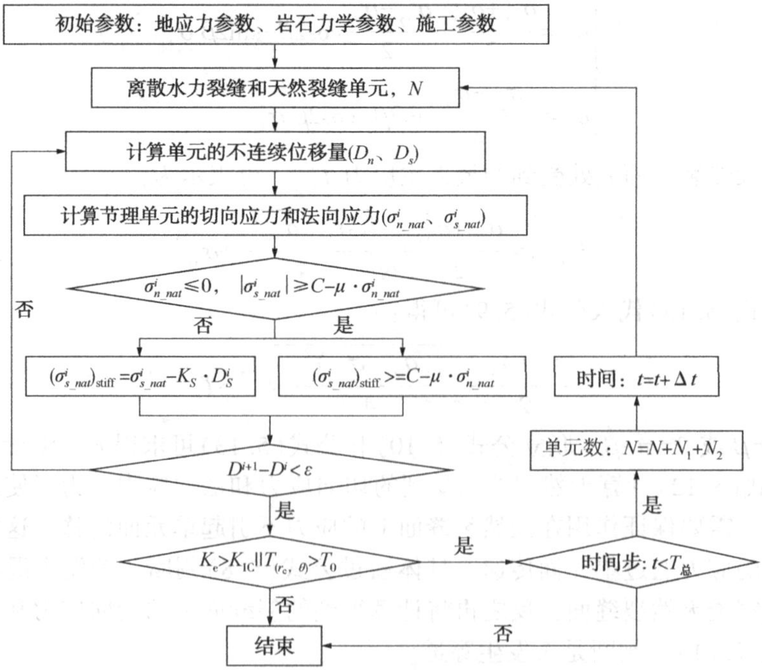

图5.3 裂缝网络计算流程图

5.1.4 模型验证

本节在计算模型上主要添加了水力裂缝和天然裂缝变形耦合计算模型，该计算模型正确性已分别在第 2 章和第 4 章进行了验证。本节通过以下两方面，分别验证模型计算在裂缝穿透能力和裂缝相交后扩展形态方面的正确性。

5.1.4.1 穿透能力

将本文计算模型与 Renshaw 正交实验结果进行对比，模拟参数如表 5.1 所示。通过变化最大最小水平地应力的比值范围和摩擦系数的比值范围模拟裂缝临界穿透时的参数取值，并绘制关系曲线。分别绘制了裂缝尖端存在Ⅰ型和Ⅰ-Ⅱ型应力集中时的裂缝临界穿透情况，如图 5.4(a)所示。随着摩擦系数的增大，裂缝穿透天然裂缝面时所需的垂向地应力逐渐减小。数值模拟结果与 Renshaw 实验结果基本吻合。

图 5.4(b)中“theoretical Threshold”指通过 Renshaw && Pollard 计算模型得到的关系曲线，“Shear Capacity Threshold”指仅通过考虑裂缝面是否具有足够的剪切能力得到的关系曲线。

表 5.1 裂缝相交穿透能力判别参数设置

参数	数值	参数	数值
泊松比	0.12	剪切模量/GPa	18
断裂韧性/MPa · $m^{1/2}$	2.5	抗拉强度/MPa	0
水平主应力比	0.1~10	摩擦系数	0~1
裂缝倾角 β/(°)	90	裂缝面黏聚力/MPa	0

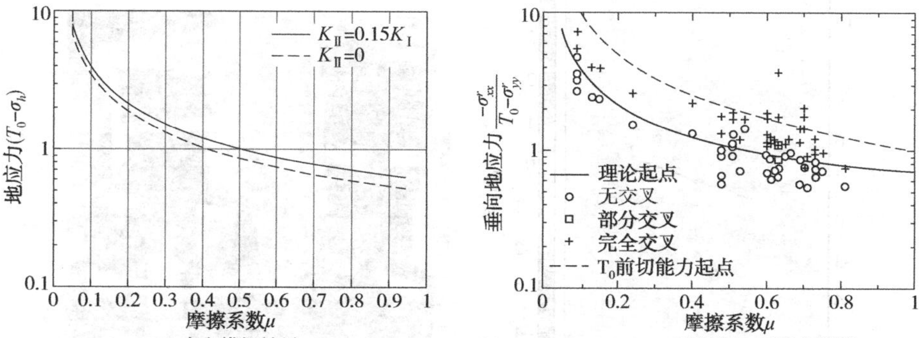

(a) 本文模拟结果　　(b) Renshaw && Pollard实验结果(据滕春凯等，2001)

图 5.4 裂缝穿透能力验证

5.1.4.2 形态验证

关于裂缝相交穿透后的扩展情况，Lamont 和 Jessen 在岩石含有不同裂隙倾角、受力状态下进行水力压裂实验。将本文计算模型与 Lamont 和 Jessen 的实验计算结果进行对比，模型基本参数如表 5.2 所示，模拟计算结果如图 5.5 所示。

表 5.2　相交裂缝扩展轨迹验证初始参数

参数	数值	参数	数值
泊松比	0.25	弹性模量/GPa	50
断裂韧性/MPa · $m^{1/2}$	2.5	抗拉强度/MPa	4
最大主应力/psi	1100	最小主应力/psi	600
裂缝倾角 β/(°)	70		

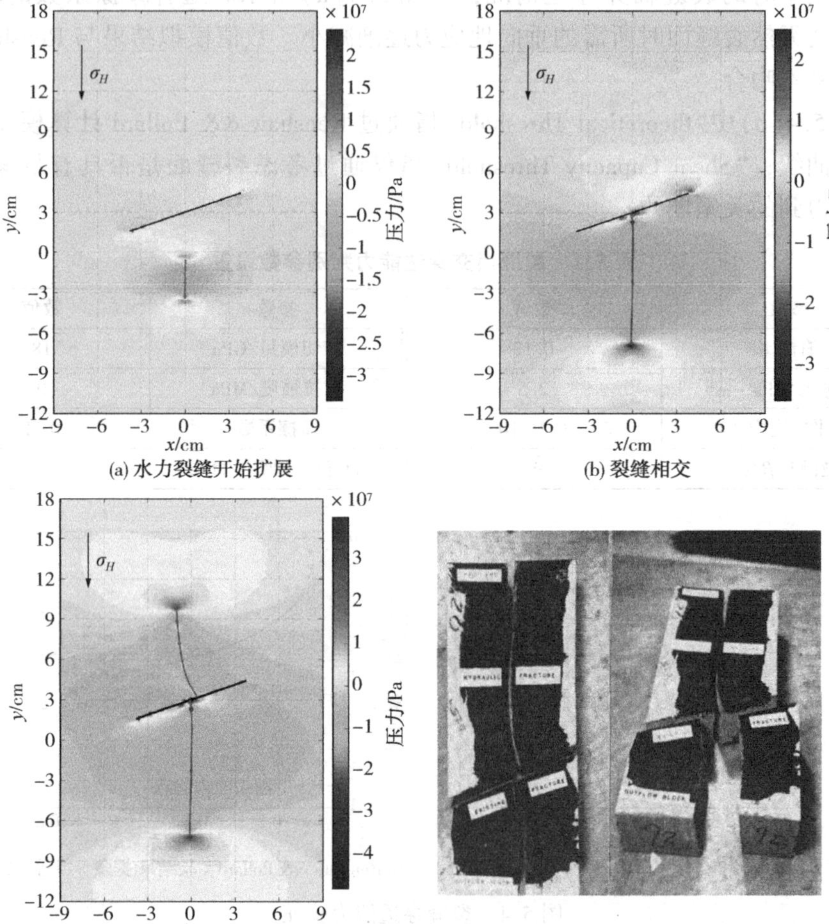

(a) 水力裂缝开始扩展　(b) 裂缝相交

(c) 穿透天然裂缝　(d) Lamont实验结果(据Lamont N，1962)

图 5.5　交叉裂缝扩展形态验证

由图 5.5 可知，水力裂缝在逼近预置天然裂缝面时，会有一个微小偏转，而后水力裂缝会错位穿透天然裂缝面。穿透天然裂缝面时裂缝并不是沿最大水平主应力方向，而是近似垂直于天然裂缝面，随着水力裂缝的继续扩展，裂缝尖端逐渐偏向最大水平主应力方向。对比实验结果和模拟结果，两者具有相同的水力裂缝偏转特征、错位扩展特征，两者水力裂缝扩展形态轨迹类似。

5.2 水力裂缝和大尺度天然裂缝相交时的扩展

现场油气开采中，由于储层构造的非均质性，富油区通常存在不同尺度的天然裂缝，水力压裂要形成体积缝网，需要水力裂缝与天然裂缝相交时有能力穿透足够多天然裂缝。当储层含有大型断层时，也需要评估水力裂缝穿越断层的能力。裂缝相交时是否能穿透并持续扩展受多因素综合影响，本节将研究储层中含有大型天然裂缝阻隔时，各因素对水力裂缝扩展轨迹的影响，模拟参数如表 5.3 所示。

表 5.3 裂缝相交模拟基本参数

参数	数值	参数	数值
泊松比	0.25	弹性模量/GPa	30
断裂韧性/MPa·$m^{1/2}$	2.5	抗拉强度/MPa	4
最大水平主应力/MPa	40	最小水平主应力/MPa	33
天然裂缝倾角 β/(°)	70	缝内压力/MPa	42
摩擦系数	0.4		

5.2.1 最小水平主应力的影响

首先，改变最小水平主应力，分别为 33MPa、36MPa、38MPa，其他参数如表 5.3 所示。模拟结果如图 5.6 所示，由图可知，当最小水平主应力为 33MPa 时，水力裂缝穿透天然裂缝后会产生较多分支缝，随着最小水平主应力的增加，水力裂缝穿透天然裂缝后逐渐以单水力主缝扩展，当最小水平主应力增加到 38MPa 时，水力裂缝上端穿透两条天然裂缝后不能继续扩展，下端逼近第二条天然裂缝后不能发生穿透。综上可得，最小水平主应力越小，水力裂缝穿透天然裂缝能力越强且越容易产生分支裂缝；最小水平主应力越大，水力裂缝越趋于单一主裂缝形态扩展，且越不容易穿透天然裂缝。

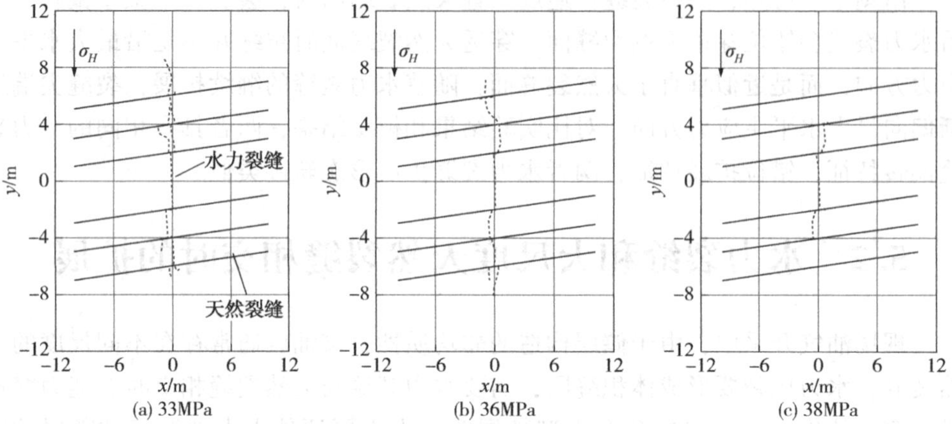

图 5.6　不同最小水平主应力下的裂缝扩展轨迹

5.2.2　天然裂缝倾角影响

在表 5.3 参数基础上，分析天然裂缝倾角对水力裂缝穿透天然裂缝能力的影响。天然裂缝倾角 β 分别为 π/3、π/4、π/6、π/18，β 指天然裂缝与最小水平主应力方向的夹角，模拟结果如图 5.7 所示。由图可知，水力裂缝在穿透天然裂缝时，有趋向垂直于天然裂缝面扩展的特征，导致水力裂缝的扩展轨迹会发生偏移，纵向扩展长度减少，横向扩展长度增加。在天然裂缝面倾角为 π/3 时，水力裂缝上端和下端均不能穿透天然裂缝面 *D*1 和 *D*2；在天然裂缝面倾角为 π/4 时，水力裂缝上端穿透天然裂缝面 *D*1，下端和天然裂缝面 *C*2 相交；在天然裂缝面倾角为 π/6 时，水力裂缝上端穿透天然裂缝面 *D*1，下端穿透天然裂缝面 *C*2；当天然裂缝面倾角为 π/18 时，水力裂缝上下端均能穿透天然裂缝面 *D*1 和 *D*2。综上可得，随着天然裂缝面倾角减小，水力裂缝穿透天然裂缝面的能力逐渐增强。

5.2.3　多簇压裂裂缝扩展

在含天然裂缝的储层中进行多簇压裂时，水力裂缝扩展不仅受到天然裂缝的影响，同时也会受到簇间裂缝的干扰。为了研究这两种情况综合作用时水力裂缝的扩展情况，分别模拟了储层中存在大尺寸平行天然裂缝时，单水力裂缝、两簇水力裂缝和三簇水力裂缝在其中的扩展情况。其中天然裂缝垂向间距为 6m，倾角为 π/7，天然裂缝长度为 40m，水力裂缝缝内压力为 58MPa，其他参数如表 5.3 所示，模拟结果如图 5.8 所示。由图 5.8(a)可知，存在单簇水力裂缝时，裂缝以单一主裂缝形态上下穿透天然裂缝并对称扩展，且在天然裂缝面作用下延伸轨迹有横向偏移。由图 5.8(b)可知，存在双簇水力裂缝时，左侧水力裂缝下端和右侧水力裂缝上端分别在穿透一个天然裂缝面后停止扩展。左侧水力裂缝上端和右侧水力裂缝下端具有相对较好的穿透能力，其扩展方向依然受到天然裂缝面倾角影响，具有趋于垂直天然裂缝面延伸的特征。由图 5.8(c)可知，存在三簇水力裂缝时，簇间距减半，变为 15m。中间簇水力裂缝扩展到与天然裂缝相交后，受两侧水力裂缝影响未能穿透天然裂缝，左侧和右侧水力裂缝下端均出现了裂缝顺天然裂缝倾斜方向扩展的现象，扩展长度在 15~20m。因此，在含多条平行天然裂缝的储层中进行多簇压裂时，水力裂缝间依然存在相互作用情况，相对于没有天然裂缝遮挡的储层(图 4.11)，簇间干扰作用极容易被放大，导致水力裂缝在纵深方向上并不能对称扩展，会出现一端优势扩展，一端难以穿透天然裂缝的情况。同时容易导致水力裂缝在天然裂缝面之间扩展，彻底失去穿透能力，簇间距越小，簇间干扰作用越强。在对存在大尺度平行天然裂缝的储层进行水力压裂时，需适当调整簇间距，降低簇间应力干扰。

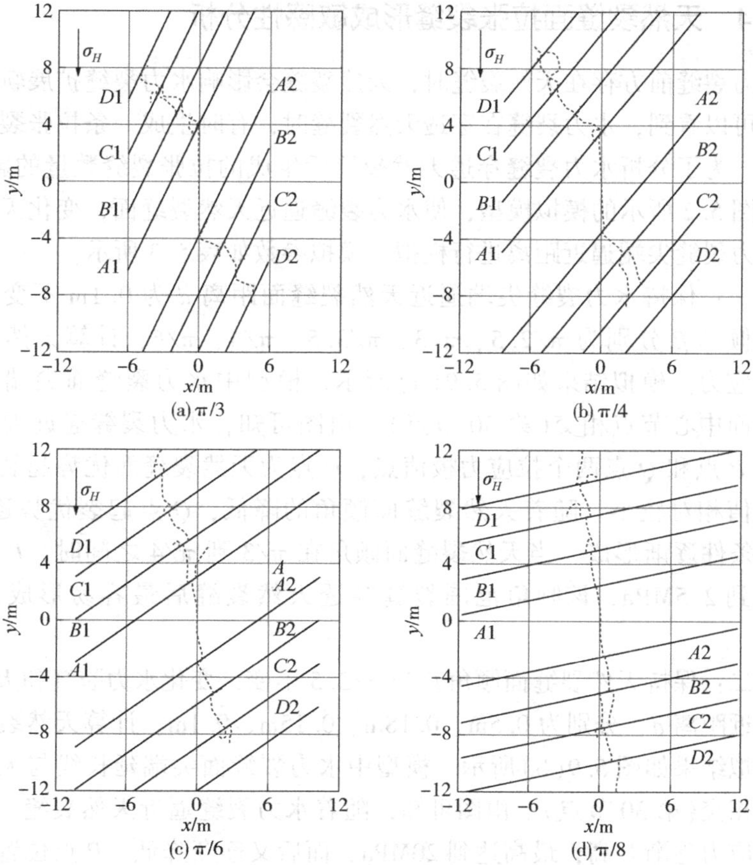

图 5.7 不同天然裂缝倾角时的水力裂缝扩展轨迹

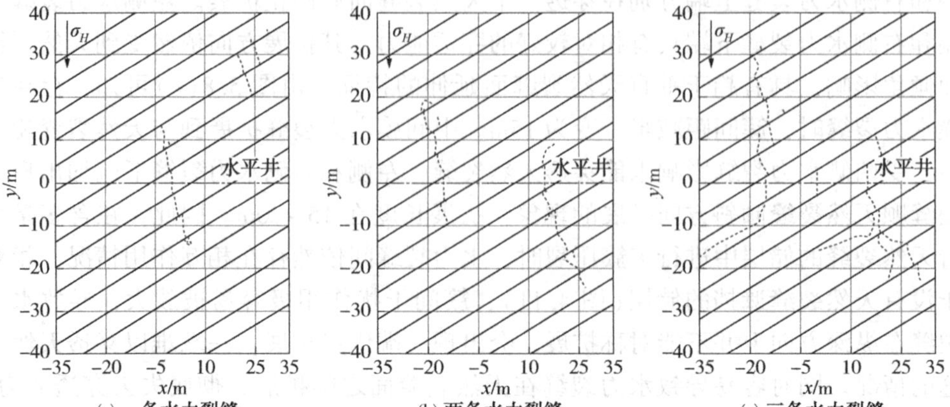

图 5.8　平行天然裂缝中的水力裂缝扩展轨迹

5.2.4　天然裂缝面拉张裂缝形成敏感性分析

当水力裂缝前方存在天然裂缝时，天然裂缝会影响水力裂缝扩展轨迹。从前文模拟还可以看到，水力裂缝在穿透天然裂缝时，有时生成一条拉张裂缝，有时生成两条。为了分析水力裂缝穿透天然裂缝后生成的拉张裂缝数量的影响因素，建立了如图 5.2 所示的模拟模型，使水力裂缝逼近天然裂缝面，变化天然裂缝面倾角和水力裂缝尖端逼近距离进行模拟，模拟参数如表 5.3 所示。

案例一：保持水力裂缝尖端逼近天然裂缝面距离 d 为 0.1m 不变，变化天然裂缝面倾角 β 分别为 π/2.5、π/3、π/3.5、π/4、π/6，计算天然裂缝面上受到的拉应力。模拟结果如图 5.9(a)所示，模型中水力裂缝面尖端延长线与天然裂缝面中心节点相交(第 30 节点)。由图可知，水力裂缝逼近天然裂缝面时，存在 P 点和 Q 点两个拉应力极值点，Q 点为天然裂缝面优势起裂点，P 点拉应力极值相对较小。随着天然裂缝面倾角的降低，Q 点起裂优势逐渐降低，P 点起裂条件逐渐形成，当天然裂缝面倾角在 π/3 到 π/4 之间时，P 点拉应力最大，达到 2.5MPa，该倾角范围裂缝穿透天然裂缝后最容易形成两条拉张裂缝。

案例二：保持天然裂缝面倾角 β 为 π/3.5 不变，变化水力裂缝和天然裂缝面之间的逼近距离 d，分别为 0.5m、0.18m、0.15m、0.1m。计算天然裂缝面上拉应力，模拟结果如图 5.9(b)所示，模型中水力裂缝面尖端延长线与天然裂缝面中心节点相交(第 30 节点)。由图可知，随着水力裂缝逼近天然裂缝，裂缝面 Q 点一侧拉应力逐渐升高，最高达到 20MPa，而后又逐渐降低，P 点位置在逼近距离为 0.1m 时有极大值。随着水力裂缝逼近天然裂缝，P 点和 Q 点并不是同时开裂的，Q 点位置在开裂时间和应力上均优于 P 点，但 P 点在天然裂缝面抗拉强度不大时也会起裂。当天然裂缝面抗拉强度较大时，随着水力裂缝逼近，天然裂缝面 P 点一侧存在因拉应力不够而不足以起裂的情况。由此可见，水力裂缝在储层中穿透天然裂缝时，对于抗拉强度较小的储层，穿透天然裂缝后容易产生分支，流体分流可能形成复杂缝网。对于抗拉强度较大储层，可能仅有 Q 点满足起裂要求，水力裂缝穿透天然裂缝后不容易产生分支或发散扩展，更容易保持其独立的延伸轨迹。

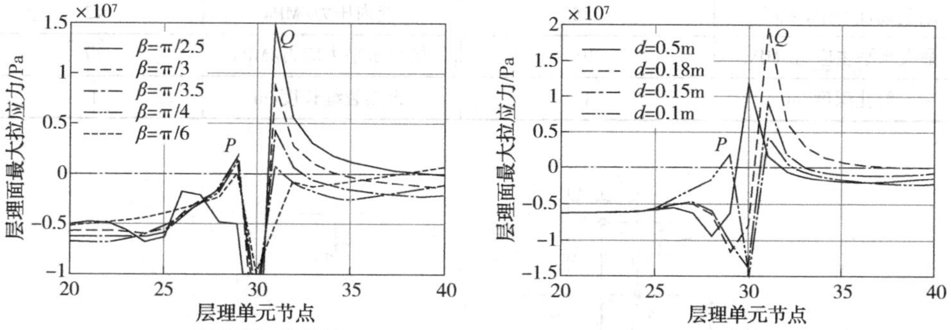

(a) 天然裂缝不同倾角　　(b) 水力裂缝尖端逼近天然裂缝距离

图 5.9　不同条件下天然裂缝面起裂

5.3　裂缝网络起裂演化机理

5.3.1　水力裂缝作用下天然裂缝起裂能力研究

裂隙岩体进行轴向压缩时，当裂隙达到一定长度后，即使侧向拉压应力极小，也会导致裂隙产生持续的扩展。通常，地应力作用下储层裂隙都是以稳定状态存在的，即裂缝面受到的剪切力小于裂缝面抵抗剪切滑移作用力。而水力裂缝的出现，恰好打破了储层中的这种力学平衡，为天然裂缝的起裂提供了能量来源，其范围性的诱导应力场作用，使水力裂缝不与天然裂缝接触，天然裂缝也会由受力平衡转为失稳扩展。该现象常见于水力压裂声发射事件监测。

本节将从裂缝间距、天然裂缝长度、水力裂缝缝内压力、天然裂缝倾角 4 个方面，对水力裂缝诱使天然裂缝起裂行为进行敏感性分析。裂缝间相对位置如图 5.10 所示，其中字母 A、B、C、D 分别代表 4 个观察点的位置，d 为观察点与天然裂缝的距离。水力裂缝和天然裂缝之间中心点纵向距离 d_6 为 4.5m，水力裂缝与天然裂缝面之间的横向距离 d_5 为 4m，其他参数如表 5.4 所示。依据 Griffith

强度理论，裂缝尖端应力强度因子是表征裂缝断裂的重要因子。本节将通过模拟水力裂缝和天然裂缝不相交情况下，水力裂缝尖端在逼近和远离天然裂缝过程中，天然裂缝尖端复合应力强度因子的变化规律，揭示水力裂缝在不与天然裂缝面相交时对天然裂缝起裂的作用机理。

表 5.4　裂缝互作用模拟参数

参数	数值	参数	数值
泊松比	0.25	弹性模量/GPa	30
断裂韧性/MPa·$m^{1/2}$	2.5	缝内压力/MPa	42
最大水平主应力/MPa	40	最小水平主应力/MPa	37
射孔深度/m	1	天然裂缝长度/m	1

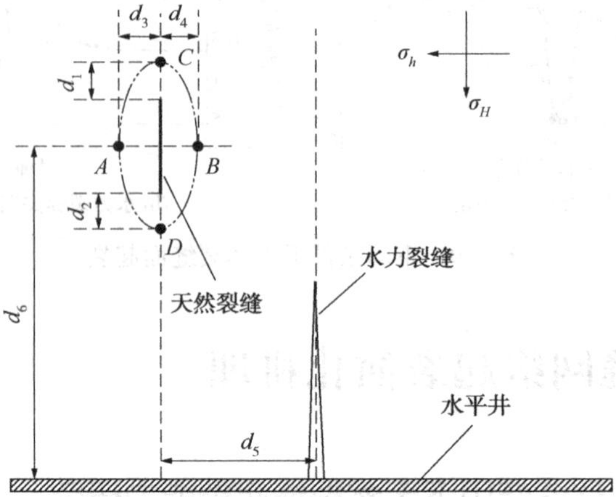

图 5.10　水力裂缝和天然裂缝相对位置

5.3.1.1　缝间距对天然裂缝起裂的影响

由于水力裂缝产生的诱导应力会沿裂缝面向外迅速衰减，导致天然裂缝起裂的范围是有限的。变化水力裂缝和天然裂缝之间的缝间距 d_5(2m、4m、6m)，研究水力压裂对天然裂缝起裂能力的影响。模拟结果如图 5.11 所示，图中：虚线表示天然裂缝上靠近水力裂缝尖端(*D* 侧尖端)的应力强度因子，实线表示远离水力裂缝尖端(*C* 侧尖端)的应力强度因子。

由图 5.11 可知，随着水力裂缝的扩展，天然裂缝尖端应力强度因子(在水力裂缝逐渐逼近的过程中)迅速升高，当水力裂缝尖端扩展经过天然裂缝后，天然裂缝尖端应力强度因子缓慢回落并最终回到零值。随着裂缝间横向距离的增大，峰值应力强度因子降低，且出现时机推后。同时还可看到，天然裂缝 *D* 侧尖端应力强度因子最先达到峰值，但峰值大小小于 *C* 侧尖端，可见水力裂缝在诱使天然裂缝起裂时，天然裂缝中距离水力裂缝较远的那侧尖端更容易开裂。

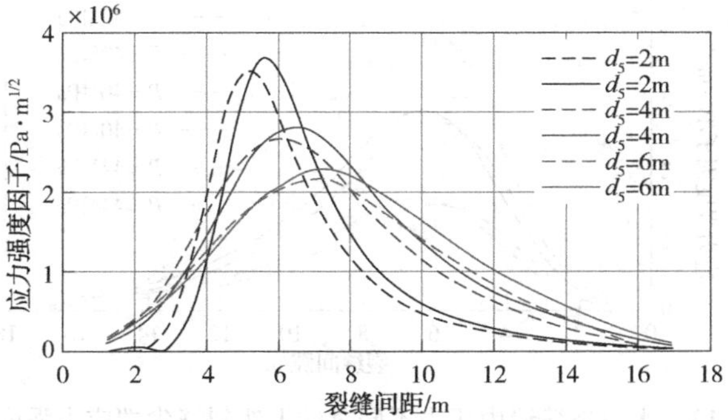

图 5.11 不同裂缝间距时对天然裂缝尖端应力强度因子

5.3.1.2 天然裂缝长度对自身起裂的影响

由于裂缝应力强度因子与裂缝长度相关，保持其他参数不变，通过变化天然裂缝长度 L(0.4m、1m、2m)，研究其对自身起裂能力的影响。模拟结果如图 5.12 所示，图中虚线表示天然裂缝上靠近水力裂缝的尖端（D 侧尖端）的应力强度因子，实线表示远离水力裂缝尖端（C 侧尖端）的应力强度因子。由图可知，随着天然裂缝长度的增加，天然裂缝应力强度因子逐渐升高。当天然裂缝长度过短时，水力裂缝较难诱使天然裂缝发生开裂。

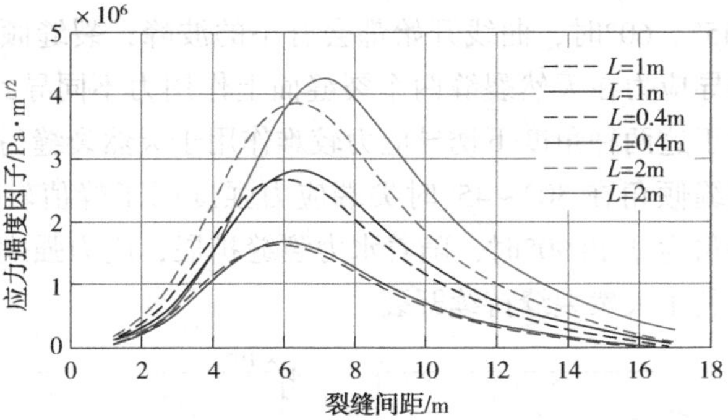

图 5.12 天然裂缝不同初始长度时其尖端应力强度因子

5.3.1.3 水力裂缝缝内压力对天然裂缝起裂的影响

缝内压力是影响水力裂缝作用下诱导应力大小的重要因素。保持其他参数不变，通过变化水力裂缝的缝内压力 P_f(40MPa、42MPa、44MPa)，研究其对天然裂缝自发起裂能力的影响，模拟结果如图 5.13 所示。由图可知随着缝内压力的增加，天然裂缝应力强度因子峰值逐渐升高。当水力裂缝缝内压力过低时，水力裂缝难以诱使天然裂缝发生开裂。

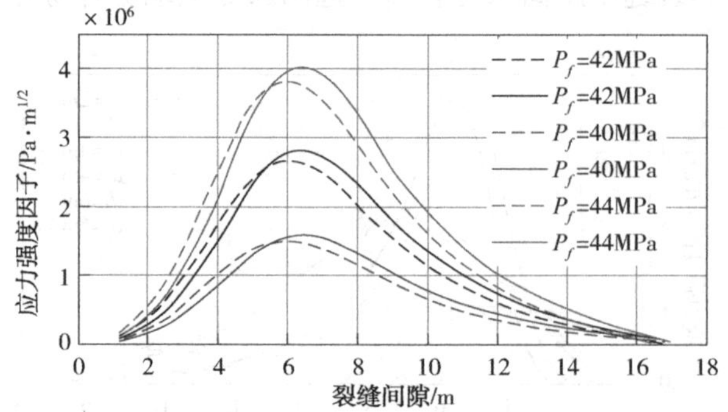

图 5.13　水力裂缝缝内压力不同时的天然裂缝尖端应力强度因子

5.3.1.4　天然裂缝不同倾角对自身起裂能力的影响

水力压裂过程中，天然裂缝尖端应力强度因子是水平地应力和水力裂缝诱导应力共同作用的结果。外力作用在裂缝面上的切向和法向应力会随着天然裂缝面倾角变化而变化。模拟参数如表 5.4 所示，保持其他参数不变，通过绕天然裂缝 *D* 侧尖端旋转天然裂缝，使天然裂缝与最小水平主应力方向具有不同夹角(0°、30°、45°、60°、90°)，研究天然裂缝倾角对自身剪切滑移的影响。此处仅针对天然裂缝 *D* 侧尖端进行模拟。

首先不考虑水平主应力的影响，模拟结果如图 5.14(a)所示，由图可知在裂缝倾角为 30°、45°、60°时，曲线开始都会有小的波峰，裂缝倾角越小，波峰越大，这是由于诱导应力在天然裂缝两个裂缝面上作用力不同导致的，0°和 90°时未出现波峰是由于这两种角度下诱导应力较难作用于天然裂缝另一侧。同时还可以看出，天然裂缝倾角在 30°～45°时尖端应力强度因子峰值较低，相对较难起裂。天然裂缝倾角为 0°和 90°时，随着水力裂缝扩展，应力强度因子会相对较快回落到零值，不利于天然裂缝持续开裂。

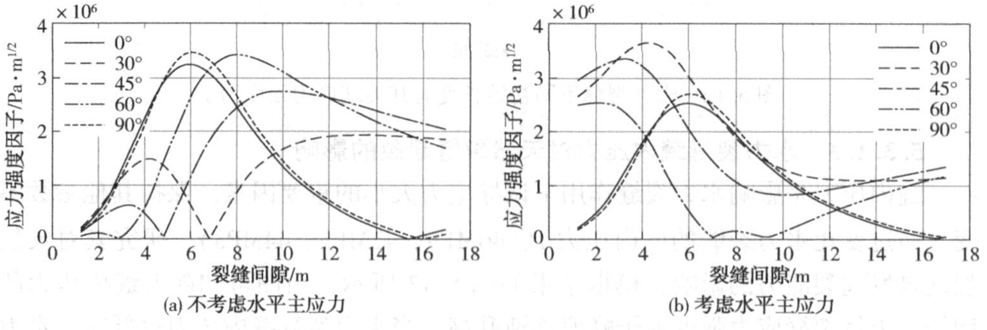

图 5.14　天然裂缝不同倾角时其尖端应力强度因子

其次考虑水平主应力的影响，模拟结果如图 5.14(b)所示，由图可知，应力强度因子在水力裂缝扩展开始阶段达到最大值，而后逐渐回落。天然裂缝倾角在 30°~45°时尖端应力强度因子相对较大；天然裂缝倾角为 0°和 90°时，随着水力裂缝扩展，应力强度因子会相对较快回落到零值，其他倾角的应力强度因子均有回升。综上所述，当单纯考虑水力裂缝对天然裂缝起裂影响时，天然裂缝倾角在 30°~45°时相对不容易起裂。综合考虑水平主应力和水力裂缝影响，天然裂缝倾角在 30°~45°时利于天然裂缝开裂和扩展。

5.3.2　天然裂缝周围应力变化规律

以上研究了水力裂缝对天然裂缝起裂的影响。但同时，裂缝间作用是相互的，天然裂缝受到诱导应力作用后，即使未发生起裂扩展，也会因自身弹性变形反向影响周围局部地应力场，最终地应力在水力裂缝和天然裂缝的相互作用下达到动态平衡。可见储层中天然裂缝的起裂，不单单是水力裂缝产生的诱导应力场传递给天然裂缝导致的，也会由于扰动应力场首先作用于天然裂缝甲，天然裂缝甲再通过弹性变形作用于天然裂缝乙。水力压裂形成有效裂缝网络的前提是储层中有足够的天然裂缝群。因此有必要研究由水力裂缝产生的扰动应力场作用于天然裂缝时，天然裂缝上产生的诱导应力在缝网形成中的作用。为对以上问题进行研究，需要分析水力裂缝动态扩展过程中，天然裂缝周围诱导应力场动态变化。建立如图 5.10 所示的裂缝相对位置模型和两种计算模型：一种有天然裂缝，另一种没有，以便于形成对比。沿用表 5.4 中的数据，随着水力裂缝扩展，分别计算上述两种计算模型下 *A*、*B*、*C*、*D* 点的应力，研究天然裂缝对水力裂缝诱导作用下发生变形时的反向作用力。其中：$d_1=d_2=2\text{m}$；$d_3=d_4=2.5\text{m}$；$d_5=7\text{m}$；$d_6=25\text{m}$。

详细的模拟结果如图 5.15 所示。当没有天然裂缝时，*A* 点的 *x* 方向正应力随着水力裂缝的扩展而逐渐增加，相同条件下当存在天然裂缝时 *A* 点的 *x* 方向正应力始终为零，天然裂缝会对 *x* 方向诱导正应力产生遮挡效应，该效应在 *A* 点较显著。而无论天然裂缝是否存在，*A* 点处的剪应力值都随着水力裂缝的扩展而增加，有无天然裂缝对该点剪切应力影响不大。水力裂缝扩展到 40m 位置时，*B* 点正应力较 *A* 点有明显增加，但远小于 *B* 点无天然裂缝时的应力。可见天然裂缝的存在和变形，消耗了诱导应力场中一部分弹性能。针对 *B* 点剪应力，无论天然裂缝是否存在，水力裂缝扩展过程中剪应力偏差都不大。对于 *C*、*D* 点，天然裂缝存在时靠近天然裂缝两端的 *C*、*D* 点的正应力绝对值明显高于无天然裂缝时，剪应力也呈现出相同规律。综上所述，天然裂缝对水力裂缝诱导应力场分布存在一定影响，体现在天然裂缝面两侧对水力裂缝诱导正应力存在遮挡和削弱效应，天然裂缝两尖端对诱导正应力和剪应力均存在增强和传递效应。

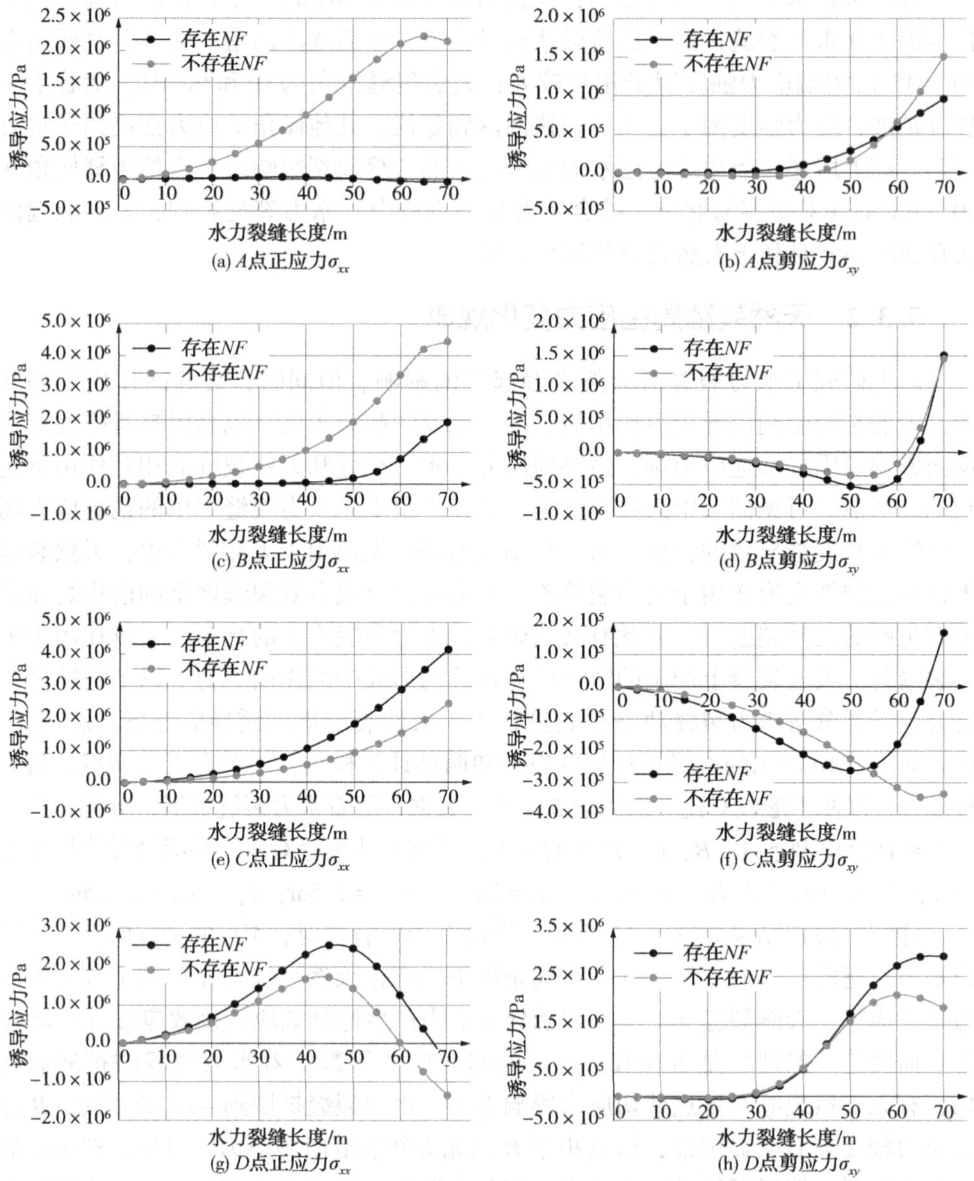

图 5.15　水力裂缝延伸过程中观察点处诱导应力的变化

5.3.3　天然裂缝的动态演化机制

上文分析了水力裂缝动态扩展中，水力裂缝产生的诱导应力场对天然裂缝起裂能力的影响，以及天然裂缝在该诱导应力作用下对其周围应力场的反馈作用力，两者相互影响并最终达到平衡。下文将分析在这两种力的作用下天然裂缝如何在缝网形成中发挥作用。

首先建立包含多个天然裂缝的纵向分布模型[图 5.16(a)-①]，以模拟上文提到的天然裂缝的应力传递效应，模拟参数如表 5.4。图 5.16(a)中的①、②、③、④表示计算的 4 个阶段，图中 NF 代表天然裂缝，HF 代表水力裂缝。随着水力裂缝的扩展，阶段②中水力裂缝诱使天然裂缝 1 起裂，阶段③中天然裂缝 1 和裂缝 2 沟通，阶段④中天然裂缝 2 和裂缝 3 产生沟通，可以看到此时水力裂缝并未与天然裂缝相交，也未发生明显偏转。作为对比组，建立另一个模拟模型，如图 5.16(a)-⑤所示，只有天然裂缝 3 存在。当水力裂缝在⑤中传播和④相同长度时，图 5.16(a)-④中的天然裂缝 3 具有一定的延伸长度，而图 5.16(a)-⑤中的天然裂缝 3 没有开裂。由图可得，存在天然裂缝时，由于天然裂缝的起裂沟通，导致天然裂缝的滑移破坏可以传递到更远处，这进一步证明天然裂缝存在应力传递效应，同时展示了天然裂缝在诱导应力作用下自发失稳破裂，最终相互融合的过程。图 5.16(b)显示了天然裂缝连通过程中沿 x 方向的正应力分布，可以看到由应力传递效应引起的纵向应力锥进现象很明显，该现象是造成天然裂缝连通的主要原因。

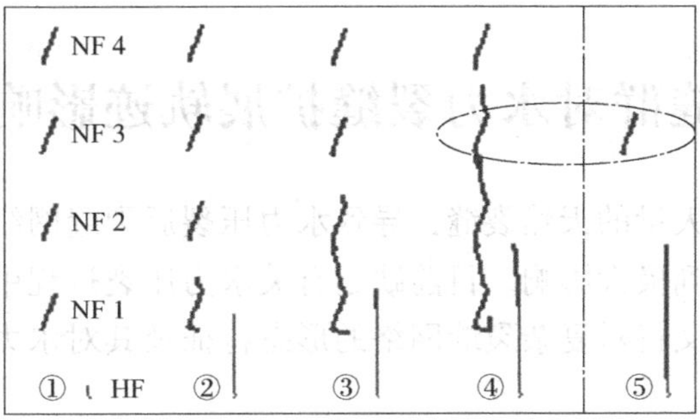

(a) 天然裂缝之间的应力传递效应

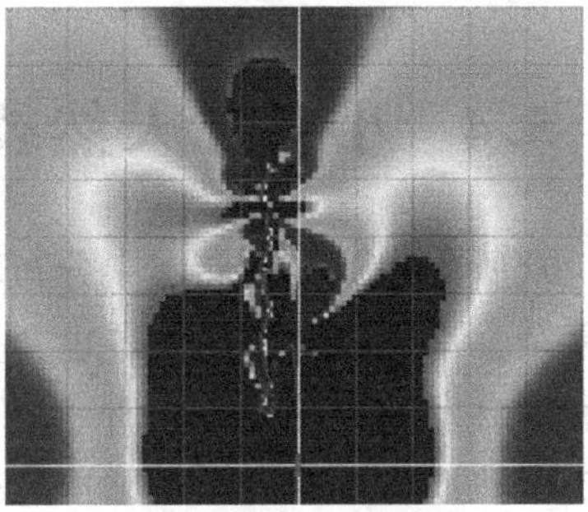

(b) (a)-④的应力图

图 5.16　天然裂缝的纵向沟通

5.3.4　天然裂缝对水力裂缝转向的影响

天然裂缝在缝网形成过程中不仅存在相互串通，形成大天然裂缝带的情况，同时也会影响穿行在储层中的水力裂缝的扩展轨迹。以往对该问题的研究多集中在相交影响上，认为复杂裂缝网络是由于水力裂缝和天然裂缝相交产生，同时将相交分为三种情况：水力裂缝穿透且激活天然裂缝、水力裂缝未穿透但激活天然裂缝、水力裂缝穿透同时未激活天然裂缝。

以下将模拟裂缝未相交时，天然裂缝剪切滑移对水力裂缝转向的影响，以

图 5.10 为基本模型，模拟水力裂缝起裂过程中裂缝的扩展轨迹，记录水力裂缝偏转角，模拟参数同表 5.4，模拟结果如图 5.17 所示。在以往数值模拟中，只有位于水力裂缝延长线上的天然裂缝才能发生起裂。但由图 5.17(a) 可知，即使天然裂缝并不在水力裂缝延长线上，也会诱使水力裂缝发生转向。图 5.17(b) 中的水力裂缝偏转角度线表示水力裂缝的最高偏转角为 22°。当水力裂缝的长度值达到图 5.17(b) 中 A 点时，天然裂缝捕获水力裂缝。图 5.17(b) 中的天然裂缝偏转角度线表示水力裂缝和天然裂缝融合后裂缝的偏转角度。

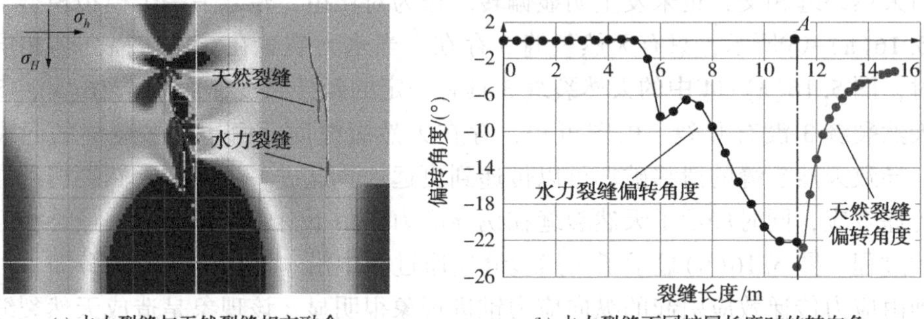

(a) 水力裂缝与天然裂缝相交融合　　(b) 水力裂缝不同扩展长度时的转向角

图 5.17　天然裂缝诱使水力裂缝转向

5.4　小尺寸天然裂缝群对水力裂缝扩展轨迹影响

众所周知，实际储层中分布着大量的天然裂缝，导致水力压裂后裂缝网络形态复杂，水力裂缝扩展轨迹也会受到极大影响。目前缺乏有关水力压裂过程中天然裂缝自发起裂并融合的研究。下文将对复杂裂缝网络的形态特征及其对水力裂缝扩展轨迹的影响进行敏感性分析。

5.4.1　天然裂缝密度

本节基于水力裂缝和天然裂缝之间的相互作用计算模型，对不同天然裂缝密度时的裂缝网络形态进行模拟研究。实际储层中天然裂缝在长度和走向上具有一定的随机性，数值模拟中通常通过数学统计方法在研究域内嵌入天然裂缝，建立天然裂缝分布模型。具体建模过程如下：

通过均匀分布函数建立随机天然裂缝位置分布模型，其概率密度函数可表示为：

$$f(x)=\begin{cases}0 & x<a \text{ 或 } x>b \\ \dfrac{1}{a-b} & b<x<a\end{cases} \tag{5.16}$$

式中，a、b 为研究域的长度和宽度，m。

通过正态分布函数建立裂缝长度和倾角的随机分布模型，其概率密度函数可表示为：

$$f(x)=\frac{1}{\sigma\sqrt{2\pi}}\mathrm{e}^{-\frac{(x-\mu)^2}{2\sigma^2}} \tag{5.17}$$

式中，μ 为数学期望，此处代表天然裂缝长度或倾角的平均值，m/(°)；σ 为标准差；x 代表天然裂缝长度或倾角的随机值，m/(°)。

实际储层中天然裂缝长度、密度、走向等参数来自对测井、微地震、岩石野外露头的识别和统计。本节天然裂缝分布参数来自苏里格气田致密砂岩储层，随机天然裂缝倾角分布如图 5.18 所示，天然裂缝平均长度为 2m，其他模拟参数见表 5.4。

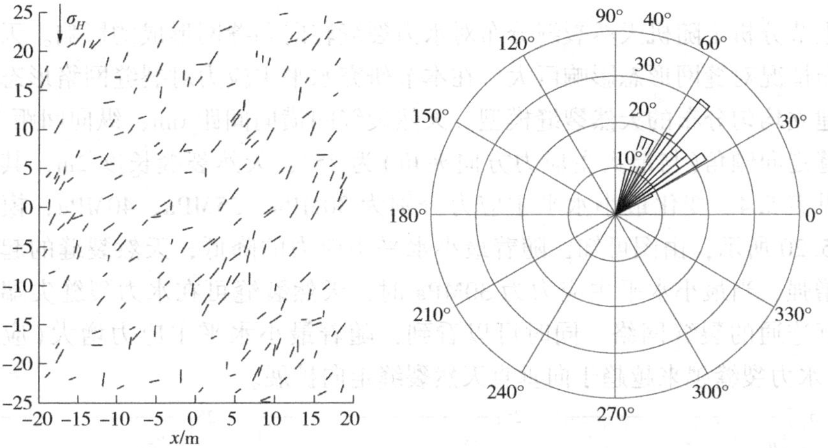

(a) 天然裂缝分布　　(b) 天然裂缝倾角

图 5.18　天然裂缝分布及走向示意图

改变天然裂缝平均分布密度分别为 0.2 条/m^2、0.4 条/m^2、0.6 条/m^2，模拟结果如图 5.19 所示。由图可知，水力压裂过程中，受天然裂缝影响，水力裂缝扩展轨迹有所偏转，但总体沿最大主应力方向扩展，水力裂缝可以诱使其周围独立天然裂缝发生失稳和剪切滑移。天然裂缝剪切滑移呈散发分布，且主要集中在水力裂缝尖端部位，水力裂缝面两侧的天然裂缝相对不容易发生破裂延伸。

当储层天然裂缝分布密度为 0.2 条/m^2时，水力压裂虽然可以诱使天然裂缝发生起裂延伸，但不足以使天然裂缝相互沟通形成大裂缝；当天然裂缝分布密度为 0.4 条/m^2时，水力裂缝尖端有较多天然裂缝发生起裂延伸，并有部分天然裂缝产生沟通；当天然裂缝分布密度为 0.6 条/m^2时，天然裂缝在水力裂缝两端发生明显的起裂延伸，并趋于相互沟通形成复杂裂缝网络。

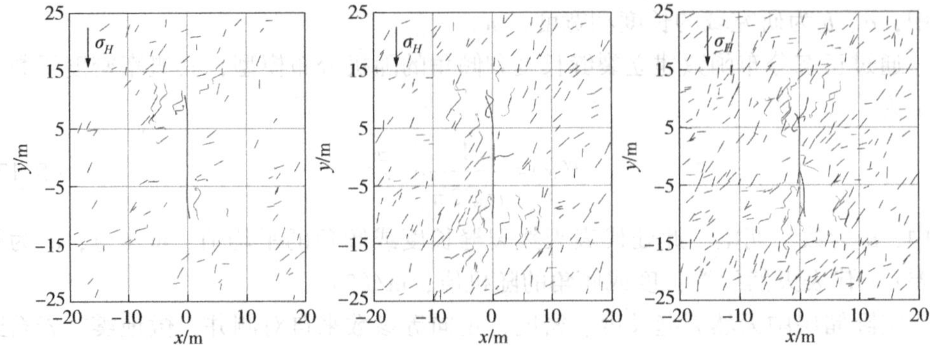

(a) 0.2条/m²　(b) 0.4条/m²　(c) 0.6条/m²

图 5.19　天然裂缝不同分布密度时的缝网形态

5.4.2　最小水平主应力

上节分析了随机天然裂缝分布对水力裂缝转向和缝网形成的影响。天然裂缝的分布情况对缝网形态影响巨大，在本节研究水平主应力对裂缝网络形态的影响时，建立均匀分布的天然裂缝模型。天然裂缝间横向间距 6m，纵向间距 3m，天然裂缝走向倾角(与最大主应力方向夹角)为 45°，天然裂缝长度 2m，其他模拟参数见表 5.4。变化最小水平主应力分别为 30MPa、35MPa、40MPa，模拟结果如图 5.20 所示，由图可知，随着最小水平主应力的降低，天然裂缝的起裂能力逐渐增强，当最小水平主应力为 30MPa 时，天然裂缝可在水力裂缝尖端两侧形成相互连通的裂缝网络。同时可以看到，随着最小水平主应力增大(应力差减小)，水力裂缝越来越趋于向垂直天然裂缝走向扩展。

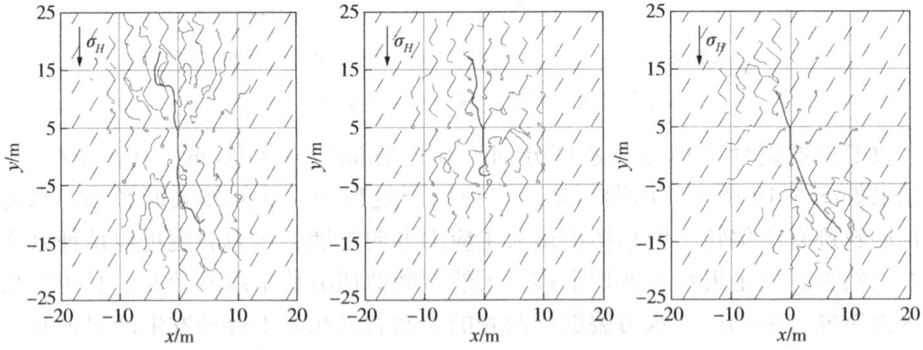

(a) 30MPa　(b) 35MPa　(c) 40MPa

图 5.20　不同最小水平主应力时的缝网形态

5.4.3　水力裂缝与天然裂缝群距离

以上分析了当天然裂缝群存在时，水力裂缝对天然裂缝的诱导起裂，接下来将模拟天然裂缝在诱导应力下发生失稳扩展时对水力裂缝转向的影响。天然裂缝间横向间距3m，纵向间距5m，天然裂缝走向倾角(与最大主应力方向夹角)为30°，天然裂缝长度3m，其他模拟参数见表5.4。改变水力裂缝和天然裂缝群中心横向间距，分别为5m、10m、15m，模拟结果如图5.21所示。当水力裂缝前方存在天然裂缝群时，天然裂缝群会捕获水力裂缝，影响水力裂缝的进一步扩展。当水力裂缝与天然裂缝群之间存在10m的横向间距时，天然裂缝群会诱使水力裂缝在扩展过程中转向，趋向于向储层中存在薄弱面的地方发育。当水力裂缝与天然裂缝群之间横向间距为15m时，水力裂缝可以通过自身诱导应力诱使天然裂缝起裂扩展，但天然裂缝群不足以影响水力裂缝扩展轨迹。

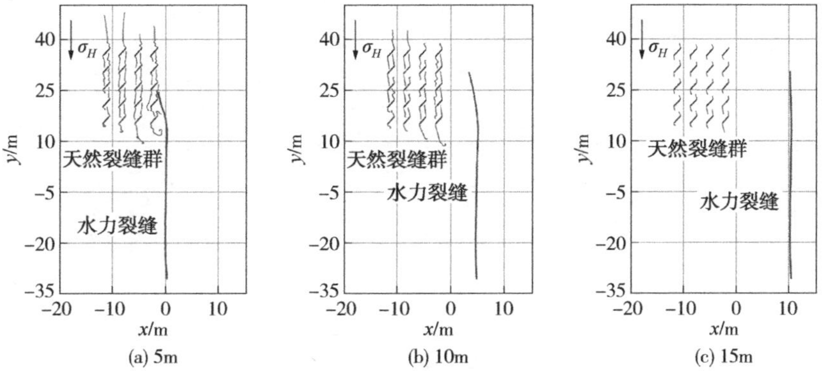

图5.21 天然裂缝群不同位置时的水力裂缝偏转

参 考 文 献

[1] Zou Y S, Zhang S C, Zhou T, et al. Experimental investigation into hydraulic fracture network propagation in gas shales using CT scanning technology[J]. Rock Mechanics and Rock Engineering, 2016, 49(1): 33-45.

[2] Guo T, Zhang S, Ge H, et al. A new method for evaluation of fracture network formation capacity of rock[J]. Fuel, 2015, 140: 778-787.

[3] Guo T, Wang X, Li Z, et al. Numerical simulation study on fracture propagation of zipper and synchronous fracturing in hydrogen energy development[J]. International Journal of Hydrogen Energy, 2019, 44(11): 5270-5285.

[4] 滕春凯，李世愚，和雪松，等. 裂纹系微破裂集结和动态扩展的实验研究[J]. 地球物理学报，2001，44：136-145.

[5] Lamont N, Jessen F W. The effects of existing fractures in rocks on the extension of hydraulic fractures[C]//37th Annual Fall Meeting of SPE. 1962.

[6] Renshaw C E, Pollard D D. An experimentally verified criterion for propagation across unbounded

frictional interfaces in brittle, linear elastic materials[J]. International journal of rock mechanics and mining sciences & geomechanics abstracts. Pergamon, 1995, 32(3): 237-249.

[7] Dollar A, Steif P S. A tension crack impinging upon frictional interfaces[J]. Journal of Applied Mechanics, 1989, 56(2): 291-298.

[8] Lam K Y, Cleary M P. Slippage and re-initiation of(hydraulic)fractures at frictional interfaces [J]. International Journal of Rock Mechanics and Mining Sciences & Geomechanics Abstracts, 1984, 22(3): 589-604.

[9] Gu H R, Weng X W. Criterion for fractures crossing frictional interfaces at non-orthogonal angles [C]// 44th US Rock Mechanics Symposium and 5th U. S. -Canada Rock Mechanics Symposium. Salt Lake City, UT 2010.

第6章 裂缝扩展轨迹调控技术

本书第3章、第4章、第5章针对不同情况，分别建立了水力裂缝分岔计算模型、地层实地应力场变化时的裂缝扩展计算模型、水力压裂天然裂缝起裂演化计算模型。通过以上模型对水力压裂过程中裂缝扩展机理进行了研究，若能根据水力裂缝扩展机理调控水力裂缝扩展轨迹，就能以最优的裂缝扩展轨迹达到最佳的压裂效果。

本章将基于前文水力裂缝扩展机理，针对水力压裂过程中可能遇到的不同情况，调整压裂施工措施并探讨裂缝轨迹调控技术。

6.1 裂缝扩展轨迹调控理论

6.1.1 裂缝轨迹调控思路

前文针对水力裂缝扩展和转向机理的研究，是为了总结和归纳水力裂缝的转向特征，明确裂缝转向的主控因素。在实际水力压裂过程中，影响裂缝扩展轨迹的因素往往较多，如地层构造运动及原始地层压力的非均质性，压裂井、注液井、采油井造成的储层局部有效应力改变。众多因素综合作用下使水力压裂裂缝扩展轨迹难以控制。基于以上问题，笔者认为需要立足裂缝转向机理，通过分析主控因素，调整施工措施，达到调控水力裂缝扩展轨迹的目的。

通常情况下，可将影响裂缝轨迹的主要因素分为内在地质因素和外在施工因素。其中内在地质因素主要包括：岩石矿物成分、岩石物理性质、岩石力学性质、地应力场、孔隙压力，储层天然裂缝等；外在施工因素主要包括压裂工艺技术[高压力(高排量)、多段压裂、多簇压裂、重复压裂、同步压裂、拉链式压裂、变排量(变压力)压裂、变前置液压裂、滑溜水压裂等]，压裂液与支撑剂，压力与排量。内在地质因素无法直接改变，而外在施工因素却可以随时进行调整。

针对水力压裂裂缝扩展轨迹，其调控思路是：通过外在施工因素影响内在地质因素，或基于内在地质因素实时调整外在施工措施。如：通过同步压裂改变局部地应力场；通过增大排量降低地应力场对裂缝的影响；针对不同岩石力学性质优化支撑剂泵入量等。

6.1.2 裂缝轨迹调控方法

用控制理论的相关概念和方法，实现对水力裂缝扩展轨迹的调控。自1948

年 Norbert Wiener 出版著名的《控制论——关于在动物和机器中控制和通讯的科学》一书以来，控制论的思想和方法已经渗透到了几乎所有的自然科学和社会科学领域。目前基于控制理论，可将控制系统分为开环控制系统和闭环控制系统。

所谓开环控制系统，是指输出只受系统输入控制且没有反馈回路的系统。其特点是施控装置指挥执行机构动作，改变被控对象的工作状态，被控量相应地发生变化，而这种变化并不再次构成施控装置产生动作，即控制信号和被控量之间没有反馈回路。在控制过程中，不仅要用到扰动信息，还要用到扰动对被控量影响的信息。

在水力压裂过程中，施控装置是地面压裂工程师，机构为压裂车组，被控对象是水力裂缝，被控量是裂缝的偏转量。而扰动对被控量影响的信息便是裂缝转向的影响因素。开环控制是最为常用的一种控制方式，但该控制方法精度较差。

与其相对的是闭环控制系统，它是基于反馈原理建立的自动控制系统。所谓反馈原理，就是根据系统输出变化的信息进行控制，即通过比较系统行为(输出)与期望行为之间的偏差，来消除偏差以获得预期的系统性能。反馈控制系统由控制器、受控对象和反馈通路组成。在反馈控制系统中，既存在由输入端到输出端的信号前向通路，也包含从输出端到输入端的信号反馈通路，两者组成一个闭合的回路。因此，反馈控制系统又称为闭环控制系统。

在水力压裂过程中，可根据地下探测设备监测裂缝扩展轨迹，若轨迹与预设轨迹存在较大差异，可通过调整水力裂缝的主控因素，达到消除轨迹误差的目的。本章将基于开环控制和闭环控制理论，针对不同地质情况分析相应的裂缝扩展轨迹调控方法。

6.2 基于开环控制的裂缝扩展轨迹调控技术

在开环控制中，并不需要反馈量，更倾向于是应用原有的规律去提前预设某些控制参数，从而达到对水力裂缝扩展轨迹的宏观调控，模拟参数如表 6.1 所示。

表 6.1 裂缝轨迹调控基本参数

参数	数值	参数	数值
杨氏模量/GPa	30	最小水平主应力/MPa	36
泊松比	0.25	缝内压力/MPa	43
最大水平主应力/MPa	40	断裂韧性/MPa · $m^{1/2}$	2.5

6.2.1 通过排量和射孔角调控裂缝扩展轨迹

通过本书第3章3.1小节知，单裂缝延伸时，存在如下扩展机理：当增大缝内压力时，水力裂缝的偏转更倾向于脱离地应力的影响，呈现一种趋于沿初始方向扩展的自相似扩展形态；不同的射孔角可造成裂缝不同的偏转轨迹；裂缝较短时更容易发生偏转等。实际压裂时，当水力裂缝前方有高含水区或复杂性裂缝区域需要规避，或在其侧向有高含油区时，就需要调控水力裂缝规避不利区域，使其向目标区域扩展。

图6.1(a)通过改变射孔角度模拟了裂缝扩展轨迹。主要原理是通过给水力裂缝制造一定初始倾斜角，使水力裂缝在转向过程中错开不利区域，不同的射孔角可以产生不同的转向效果。模拟过程中缝内压力为55MPa，其他模拟参数如表6.1所示，改变射孔角度分别为20°、45°、70°。图6.1(b)中射孔角为70°时，改变缝内压力分别为42MPa、50MPa、55MPa。可以看出：当缝内压力过小时，水力裂缝偏转距太小，并不能达到含油气区，此时需要加大缝内压力，使水力裂缝保持一定的扩展方向。

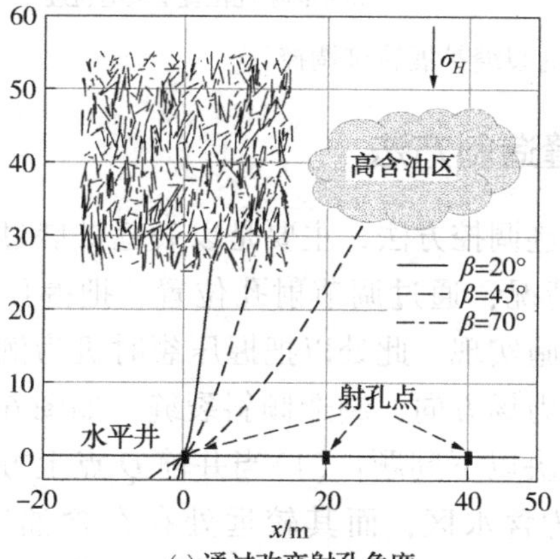

(a) 通过改变射孔角度

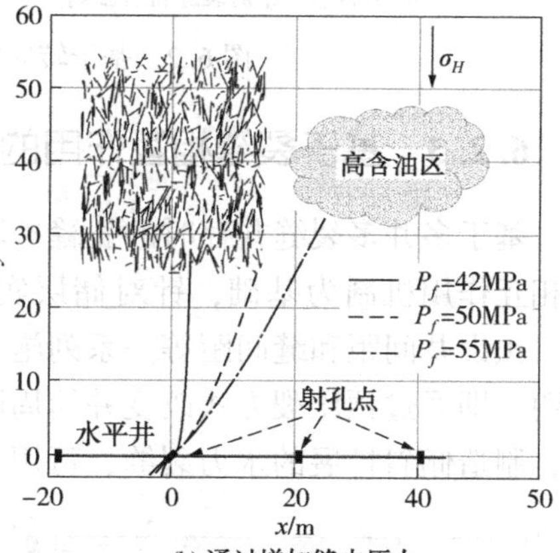

(b) 通过增加缝内压力

图6.1 通过工艺参数进行裂缝轨迹调控

6.2.2 通过裂缝转向特征调控裂缝扩展轨迹

利用水力裂缝转向特征，在施工设计阶段进行布置，实现对水力裂缝轨迹的调控，图6.2(a)为沿 σ_{yy} 方向的应力分布图。当水力裂缝前方区域有异常应力带，其中地应力方向发生翻转时，由于水力裂缝具有趋于最大主应力方向扩展的特性，所以水力裂缝尖端会迅速转向，模拟参数见表6.1。

由第3章3.2小节知，裂缝自身长度越大，越不容易受到地应力影响发生偏转。因此图 6.2(b)中，可以将射孔点进行左移，从 b 点移到 c 点，使裂缝扩展一段长度后再进入异常地应力区，通过增加裂缝遭遇异常地应力区前的自身长度，达到抑制裂缝偏转的目的。相反从 b 点移到 a 点后，裂缝自身较短，水力裂缝转向更加明显了。

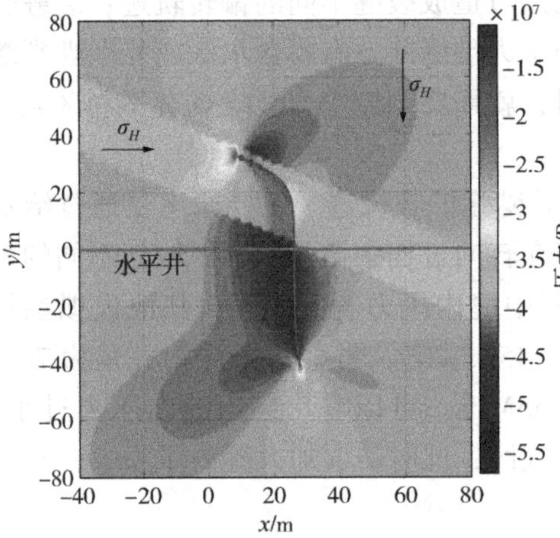

(a) 异常应力带对裂缝轨迹影响

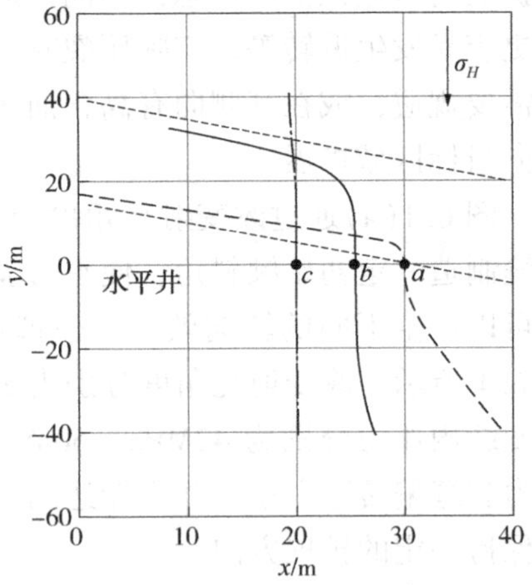

(b) 不同射孔位置下裂缝轨迹

图 6.2　基于转向特征的裂缝扩展轨迹调控

6.2.3　基于裂缝相互作用的裂缝造斜方法

基于多井多裂缝共存时的裂缝扩展轨迹调控方法，主要是以裂缝扩展过程中的相互作用机制为基础，针对储层实际情况，通过调节射孔位置、把握压裂时机、预设井间距和缝间距等一系列施工措施实现。此处以把握压裂时机为例进行说明，即通过预压裂方式改变井筒周围应力场方向，制造倾斜裂缝。如图 6.3 所示，制造倾斜扩展的水力裂缝，可用于解决以下问题：(1)当井筒 Q 点上方附近为含水区，而其较远处存在含油区时，常规压裂方法只能是在 Q 点射孔压裂，导致油井采油过程中含水。而通过调控形成倾斜扩展水力裂缝，可避开含水区，提高采收率；(2)当储层中存在如图 6.3 所示具有一定倾角的天然裂缝时，为了使水力压裂过程中形成更多的横向交错裂缝，可使水力裂缝以大角度逼近天然裂缝。倾斜扩展水力裂缝的具体调控方法为：依据缝间干扰原理，以高黏压裂

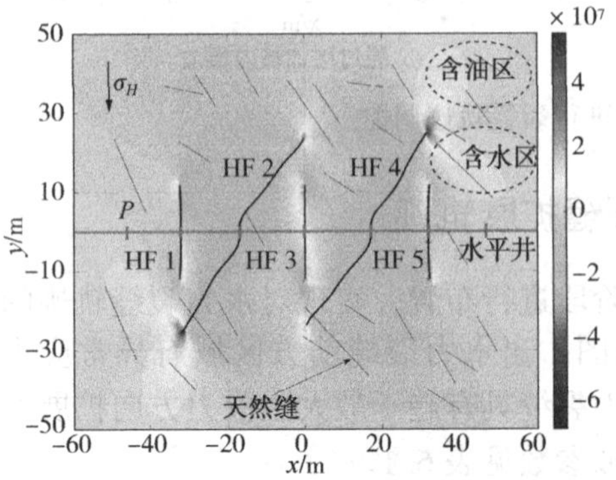

图 6.3　水力裂缝造斜

液预先压裂裂缝 1(HF 1)、裂缝 3(HF 3)、裂缝 5(HF 5)，形成大约 10m 长的短宽水力裂缝，用以改变井筒周围地应力方向。在不返排情况下对水力裂缝 2 和裂缝 4 进行压裂，使水力裂缝在井筒周围发生转向扩展，当水力裂缝扩展出预压裂裂缝 1、裂缝 3、裂缝 5 的应力影响范围时增大裂缝 2(HF 2)和裂缝 4(HF 4)内的缝内压力，使其保持倾斜的扩展方向达到目标点，或与天然裂缝群交错形成复杂缝网。模拟过程中，水力裂缝 1、裂缝 3、裂缝 5 缝内压力为 46MPa，水力裂缝 2、裂缝 4 缝内压力为 53MPa，其他模拟参数如表 6.1 所示，图中应力分布为水力裂缝产生的诱导应力 σ_{yy}。

6.2.4 通过压裂次序调控裂缝扩展轨迹

针对传统拉链式压裂过程中由于裂缝间相互作用导致裂缝不能直线扩展的问题，对压裂顺序进行调整，使水力裂缝直线延伸。常规拉链式压裂裂缝形态如图 6.4(a)所示，模拟中水力裂缝 1(HF 1)和裂缝 2(HF 2)的横向间距为 20m，裂缝 1 和裂缝 3 的横向间距为 40m，缝内压力为 40MPa，其他参数如表 6.1 所示。将水力裂缝压裂顺序调整为裂缝 1-3-2-5-4-7-6，模拟结果如图 6.4(b)所示，图中应力分布为水力裂缝产生的诱导应力 σ_{yy}。由图可知，调整压裂顺序后水力裂缝在逼近邻井裂缝时相对不易发生偏转，但后续压裂的水力裂缝 4、5、6、7 依然不能保持较好的直线扩展形态，这主要是由于裂缝 5 的非直线扩展导致后续其他裂缝发生倾斜。因此在拉链式压裂中，进行调控的压裂裂缝条数不宜过多。

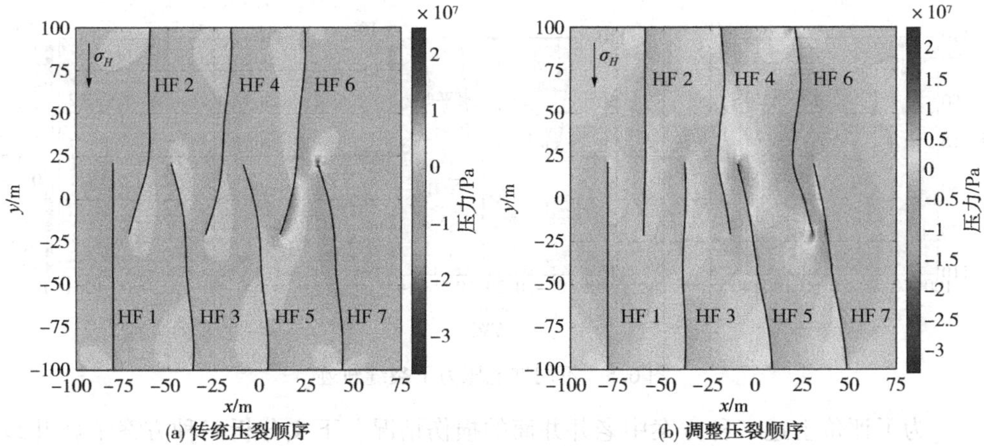

图 6.4 拉链式压裂时不同压裂顺序下的裂缝轨迹形态

6.2.5 基于老井增能的压裂井间干扰调控技术

压裂井间干扰是指水力压裂过程中，相邻水平井裂缝及井筒之间的相互干扰作用。压裂井间干扰发生的主要原因包括：一是压裂裂缝产生的应力波对邻井井筒和裂缝的干扰；二是压裂裂缝沟通了临井之间的天然裂缝群，如：加密井压裂过程中，随着新井裂缝逐渐逼近老井，压裂冲击(Frac Hit)现象导致压裂井间干扰作用逐渐增强，使得新井裂缝在扩展中容易引起老井井筒损伤。本节研究通过老井增能调控压裂井间干扰作用。模拟参数见表6.1，保持其他参数不变，分别变化老井缝内压力和新井缝内压力，对压裂井间干扰作用进行分析。首先分析增能对老井井筒套管的保护作用，模拟结果如图6.5所示，水平井1为老井，水平井2为新井。

方案一：在2井压裂中，对1井增能使缝内压力增加到21MPa。模拟结果如图6.5(a)所示，显示2井水力裂缝会逼近1井井筒。可见老井增能压力过小时，不能抑制邻井裂缝逼近。

方案二：在2井压裂中，对1井增能使缝内压力增加到31MPa。模拟结果如图6.5(b)所示，1井裂缝中增能压力增大后，可有效抑制2井水力裂缝逼近1井井筒，但2井水力裂缝尖端发生转向，依然存在和1井裂缝连通的风险。

方案三：使1井缝内压力保持在31MPa，同时当2井裂缝快要靠近1井裂缝时，将2井中缝内压力降低到23MPa，模拟结果如图6.5(c)所示，此时2井水力裂缝逼近1井裂缝后停止扩展。综上所述，在加密井压裂中，为有效防止新井裂缝产生的"Frac Hits"对老井井筒造成损伤，首先应对老井进行增能，其次在新井裂缝逼近老井裂缝时，相应降低新井裂缝内缝内压力。

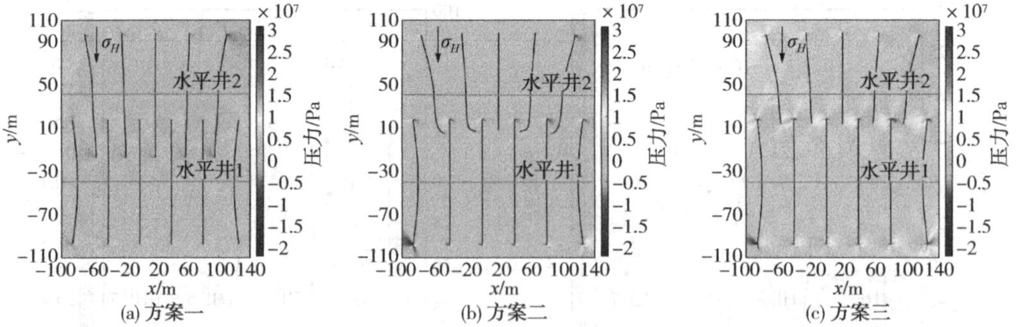

图6.5　不同增能压力下裂缝轨迹

为了评价上述三种方案中老井井筒的损伤情况，下文分析三种方案下新井裂缝在老井井筒位置产生的诱导应力，记录井筒位置全压裂时间域受力，如图6.6和图6.7所示。图6.6为沿井筒方向应力 σ_{xx}，图6.7为垂直井筒方向应力 σ_{yy}。由图看出，方案一和方案二相比，增加1井增能压力后，2井井筒位置受到的应力值有所增加，但应力波动情况明显降低，方案二和三情况相近。

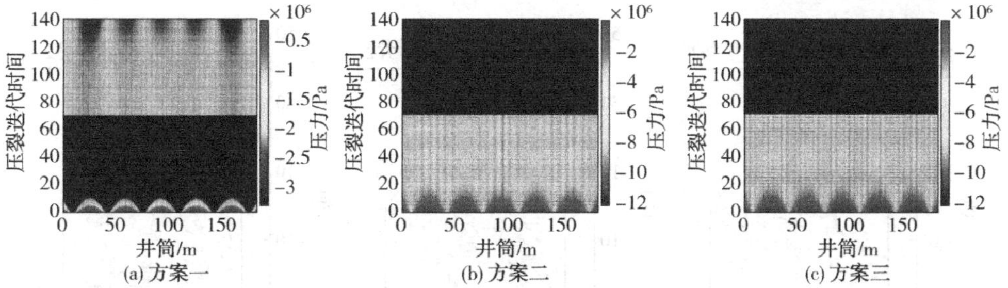

(a) 方案一　(b) 方案二　(c) 方案三

图 6.6　不同增能压力下沿井筒方向应力 σ_{xx}

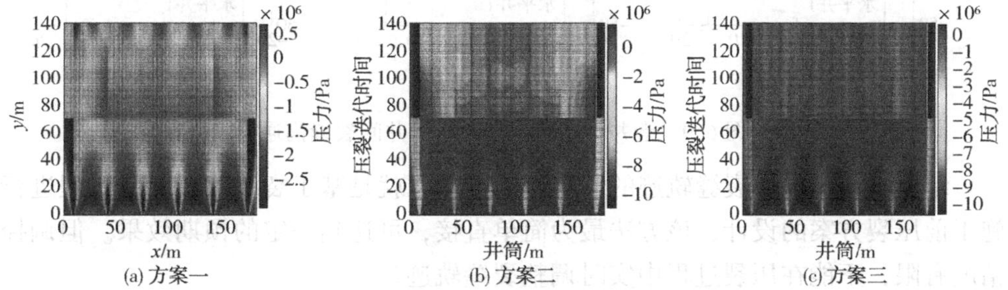

(a) 方案一　(b) 方案二　(c) 方案三

图 6.7　不同增能压力下垂直井筒方向应力 σ_{yy}

调取三种方案最后压裂时间步时井筒位置受力并绘制曲线，图 6.8 为上述三种方案形成最终裂缝时老井井筒处的受力，采取方案一时井筒上应力波动较为剧烈，曲线进一步说明方案二和三的优越性。同时由图可知，方案二和方案三中，多裂缝扩展时两侧裂缝由于偏转会对井筒产生一定影响。

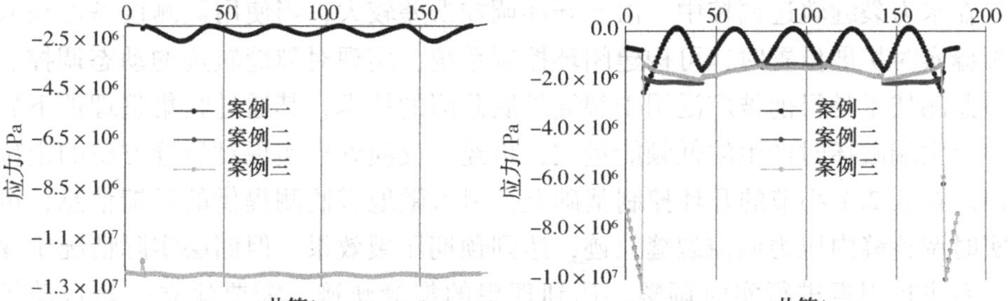

(a) σ_{xx}　(b) σ_{yy}

图 6.8　方案一、二、三中老井井筒受力对比

其次分析老井增能在抑制井间天然裂缝发育方面的作用效果。沿用表 6.1 岩石力学参数和地应力参数，变化老井缝内压力分别为 21MPa、31MPa、41MPa，模拟结果如图 6.9 所示。由图可知：老井增能压力过小，新井水力裂缝扩展逼近老井时容易发生偏转，导致新井和老井的水力裂缝产生相交。增大老井缝内压力，新井上的压裂裂缝沿直线扩展，裂缝尖端区域与老井连通的风险被大大降低。

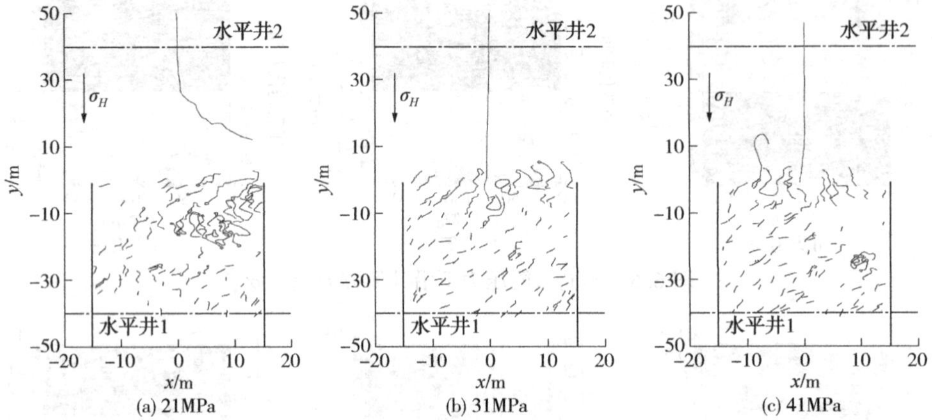

图 6.9　老井不同缝内压力时的井间裂缝沟通

综上所述，水力裂缝轨迹的开环控制技术，就是基于裂缝破裂延伸机理进行施工前压裂方案的设计，该方法最为简单直接，可达到一定的预期效果。但调控精度有限，不能在压裂过程中实时调整裂缝轨迹。

6.3　基于闭环 PID 控制的裂缝轨迹调控技术

6.3.1　PID 控制原理

在水力裂缝轨迹调控中，由于开环调控误差较大，当使用监测设备可获取储层裂缝实时扩展位置时，可构建闭环控制系统，实现对裂缝轨迹的动态调控。微地震监测技术是目前被广泛用于裂缝扩展监测的技术，其通过收集整理地下岩体或裂缝尖端破坏时产生的低频能量波，再经过反演处理实现对裂缝方位的定位和反馈。在 6.2.1 小节的开环控制基础上，引入微地震监测提供的反馈信息，可通过实时调整缝内压力调控裂缝轨迹，达到预期压裂效果。但储层实际情况千变万化，对主控因素进行实时调整，达到理想的裂缝轨迹，需要建立一套自动控制系统。

目前作为反馈控制的一种，比例积分微分（PID）控制系统以其较高的可靠性、良好的鲁棒性和简单的算法，被用于90%以上的工业控制回路，该技术的应用不需要完全了解储层地质情况。PID 控制系统包括比例（P－proportionment）控制、积分（I－integral）控制、微分（D－differential）控制三部分。在比例控制环节，控制系统通过传感器监测到偏差信号时，立即产生控制作用，通过增大比例系数提高系统开环增益，以减小过程中的稳态误差。积分环节主要用于消除稳态误差，提高无差度，其输出与误差成正比，误差越大，输出越大。在微分环节中，主要用于加快系统动作速度，减少调节时间。其控制结构如图 6. 10 所示。

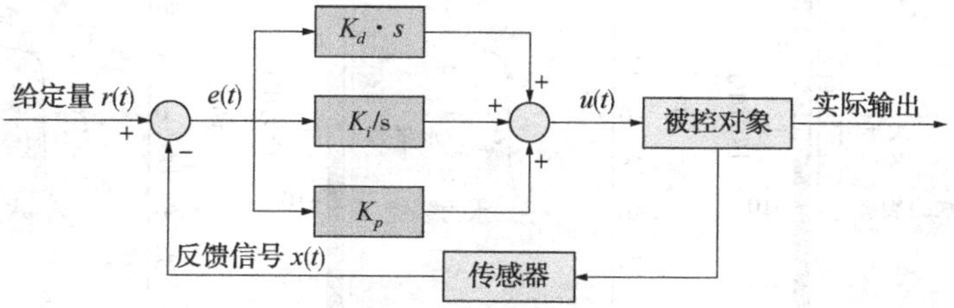

图 6. 10　PID 控制原理图

图 6. 10 中给定量 $r(t)$ 和控制器输出量 $x(t)$ 之间的偏差 $e(t)$ 可表示为：

$$e(t)=r(t)-x(t) \tag{6.1}$$

通过比例控制、积分控制和微分控制三部分对偏差进行处理，时域中控制器输出和输入之间的关系可表示为如下形式：

$$u(t)=K_p\left[e(t)+T_d\frac{\mathrm{d}e(t)}{\mathrm{d}t}+\frac{1}{T_i}\int e(t)\,\mathrm{d}t\right] \tag{6.2}$$

式中，$u(t)$ 为控制器输出；$e(t)$ 为误差，即控制器输入项；K_p、T_d、T_i 分别为比例系数、积分时间常数及微分时间常数。也可将式(6. 2)表示为如下形式：

$$U(s)=\left(K_p+K_d\cdot s+\frac{K_i}{s}\right)E(s) \tag{6.3}$$

式中，$U(s)$ 和 $E(s)$ 分别为 $u(t)$ 和 $e(t)$ 的拉氏变换；s 表示线性变化量；K_p、K_d、K_i 分别为控制器的比例、积分、微分系数，其控制量主要通过经验法和临界比例法确定。

若以缝内压力为裂缝轨迹控制因素，以微地震监测中可提供的裂缝位置为反馈量，以 PID 为控制算法，则水力压裂中裂缝扩展轨迹的 PID 控制思路为：给定裂缝扩展方向，计算微地震反馈量和给定方向之间的误差，通过控制器输出缝内压力，监测下一步裂缝位置，循环往复达到控制的目的，以下将举例说明。

6. 3. 2　裂缝轨迹自动控制系统应用

假设储层中由于注采井施工或地质构造运动有异常应力区存在。本例储层最小水平主应力以 Q 点坐标(30，50)为核心向外递增，递增速率为 1. 1MPa/m，缝内压力为 50MPa，其他模拟参数如表 6. 1 所示，模拟结果如图 6. 11 所示。随着水力裂缝的扩展，当其进入储层异常应力区后，扩展方向发生近 90°偏转，容易造成支撑剂在裂缝转向部位的堆积，使缝内压力难以传递到裂缝尖端，扩展裂缝无法达到预定的纵深长度。

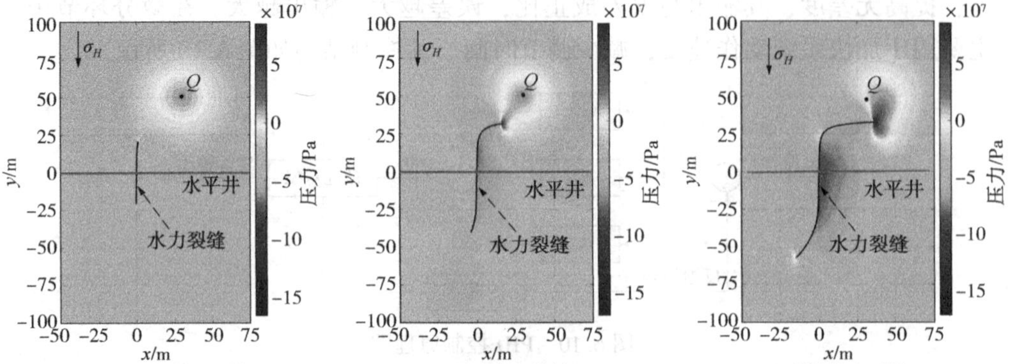

(a) 逼近异常应力区前　(b) 裂缝发生偏转　(c) 裂缝转向延伸

图 6.11　遭遇异常应力区时裂缝扩展形态

下文引入 PID 控制系统对水力压裂过程中的缝内压力进行动态调节，如图 6.12 所示，其中：t/t_o为无量纲时间。水力裂缝在不同比例系数下呈现出不同的扩展轨迹，在监测到水力裂缝尖端产生较大偏转时，系统会自动增压以保持裂缝趋于原始路径。随着 K_p 系数的增大，对水力裂缝延伸轨迹的调控作用逐渐增强［图 6.12(a)］。同时观察到随着压裂时间增加，当裂缝经过并远离极值点 Q 后，PID 控制系统调节下的缝内压力逐渐降低［图 6.12(b)］。

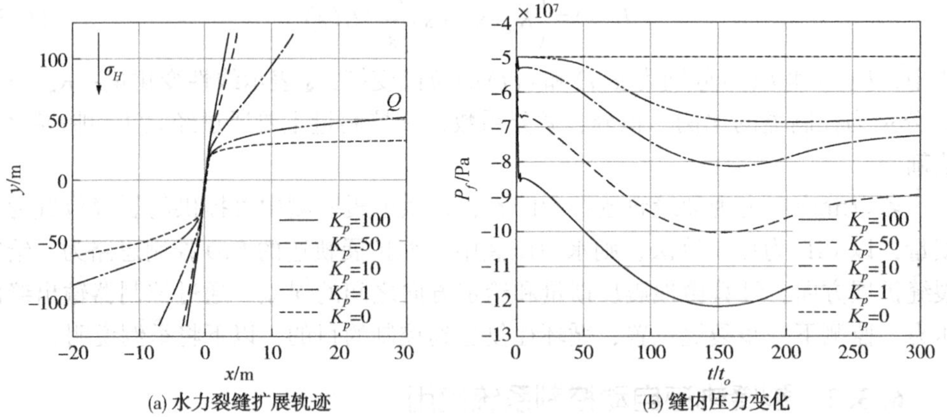

(a) 水力裂缝扩展轨迹　(b) 缝内压力变化

图 6.12　裂缝轨迹的 PID 控制